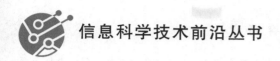

智能系统中的情感识别建模与关键技术

魏　薇　　张立立　　蔡庆中
李　晶　　崔　宁　　谭洪鑫　　著

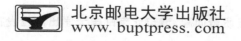

北京邮电大学出版社
www.buptpress.com

内 容 简 介

人工智能驱动了第四次工业革命的爆发,也加快了自动化向智能化迈进的步伐。智能系统作为本世纪工业革命最重要的载体,已经成为当今相关领域研究的首要对象和技术密集型目标。剖析先进智能系统的核心技术架构,我们将目光聚焦于智能感知与识别,思考如何利用情感计算,赋予智能系统类人的情感识别能力,以实现高效、自然、和谐的智能人机交互。本书以情感识别模型为研究对象,以提高模型识别率为研究目标,开展基于加权融合策略的情感识别建模方法研究。考虑人体情感信息类型和情感特征的多样性,根据模型对识别率和运算量的要求,针对建模过程中的特征级融合、模型级融合、决策级融合以及权重确定方法等关键技术进行深入的研究。

图书在版编目(CIP)数据

智能系统中的情感识别建模与关键技术 / 魏薇等著 . - - 北京 : 北京邮电大学出版社,2024.1

ISBN 978-7-5635-7127-7

Ⅰ. ①智… Ⅱ. ①魏… Ⅲ. ①智能系统—情感—识别 Ⅳ. ①TP18

中国国家版本馆 CIP 数据核字(2023)第 242734 号

策划编辑:马晓仟　　责任编辑:刘　颖　　责任校对:张会良　　封面设计:七星博纳

出版发行:北京邮电大学出版社
社　　址:北京市海淀区西土城路 10 号
邮政编码:100876
发 行 部:电话:010-62282185　传真:010-62283578
E-mail:publish@bupt.edu.cn
经　　销:各地新华书店
印　　刷:北京虎彩文化传播有限公司
开　　本:720 mm×1 000 mm　1/16
印　　张:11.25
字　　数:205 千字
版　　次:2024 年 1 月第 1 版
印　　次:2024 年 1 月第 1 次印刷

ISBN 978-7-5635-7127-7　　　　　　　　　　　　　　　　定　价:58.00 元

· 如有印装质量问题,请与北京邮电大学出版社发行部联系 ·

前　　言

人工智能驱动了第四次工业革命的爆发,也加快了自动化向智能化迈进的步伐。智能系统作为 21 世纪工业革命最重要的载体,已经成为当今相关领域研究的首要对象和技术密集型目标。传统的智能系统是在自动化系统的基础上发展而来的,重点是为自动化系统增加了智能决策与控制的能力,但归根结底还是初级的智能系统。先进的智能系统构建于类人智能基础之上,往往包含智能感知与识别、智能决策与控制、灵活执行与运动等多个环节的突破。

剖析先进智能系统的核心技术架构,我们将目光聚焦于智能感知与识别,思考如何利用情感计算,赋予智能系统类人的情感识别能力,以实现高效、自然、和谐的智能人机交互。类人的情感识别非常复杂,在建模过程中不仅要考虑性能上涉及的识别率和运算量等要求,还要考虑复杂度上涉及的特征工程、模型融合等多通道信息的融合问题,这正是该领域研究的难点,也是本书思考和研究的重点。本书以情感识别模型为研究对象,以提高模型识别率为研究目标,开展基于加权融合策略的情感识别建模方法研究。在考虑人体情感信息类型和情感特征多样性的前提下,本书根据模型对识别率和运算量的要求,针对建模过程中的特征级融合、模型级融合、决策级融合以及权重确定方法等关键技术进行了深入的研究,具体包括:

(1)基于面部图像特征级融合的表情识别。凭借面部结构与心理学方面的研究结果与经验,选择与面部表情密切相关的眼睛、眉毛、嘴巴及周边部位的特征点,利用其二维坐标得到几何特征。凭借以深度学习为突破点的纯数据驱动的特征学习算法,构建一个多层的卷积神经网络,让机器自主地从样本数据中逐层地学习,得到表征样本更加本质的深度特征。根据表情识别模型的特点,引入特征级融合,线性串联两种特征构成表情图像的多维特征,达到信息上的互补,从而提高模型识别率。

(2)基于面部图像模型级融合的表情识别。分析面部结构,选择能够体现面部的主要形态且不会因为模型的不同而改变其相对位置的特征点,凭借面部肌肉运动范围大小将面部分区,并根据分区将特征点分为互不相交的特征组。利用单组特征的识别率,引入基于反馈的原理,设计权重确定方法,并引入刚性原理,分析面部不同分区的刚性,将其作为检验权重正确性的依据。在此基础上引入模型级融合,根据分类模型的特点设计加权核函数,实现特征的非线性加权融合,增加强相关特征对分类结果的影响并减少弱相关特征对分类结果的影响,从而提高模型识别率。

(3)基于脑电信号时频空域特征的情感识别。由于生理信号的特征提取方法有很多种,单一维度的分析可能无法完全地表达出其特性。将原始脑电信号划分为时长相同的片段,分解得到 5 个子频段,以各频段的微分熵特征为频域特征。然后,依据脑电通道物理位置构造脑功能空间网络,将各频段的微分熵特征映射到对应的二维矩阵中。最终,得到包含脑电信号的时频空域多维情感特征,提供脑电信号结构及特性全面且准确的信息,从而提高模型识别率。

(4)基于多种生理信号决策级融合的情感识别。由于多种人体生理活动与情感状态相关,同时对应的人体表征信号多样,选择可用于情感识别的 4 种生理信号,包括脑电信号、心电信号、呼吸信号以及皮肤电信号,根据信号种类的不同分别建立特征提取模型。针对生理信号对情感状态的表现力强弱各异,根据生理信号对情感状态的识别率,引入基于反馈的原理,设计权重确定方法。根据情感识别模型的特点,在决策级引入加权融合和最大值规则,充分发挥生理信号的优势,从而提高模型识别率。

(5)基于多模态信息特征级和决策级融合的情感识别。分析人体结构与情感信号,选择视觉信号和生理信号构成多模态情感信息。其中,视觉信号为面部表情的彩色图像序列,生理信号包括脑电信号、心电信号、呼吸信号以及皮肤电信号 4 种信号。引入特征级融合,串联视觉信号特征和生理信号特征得到 4 种多模态特征,利用多模态特征对情感状态的识别率,引入基于反馈的原理,设计权重确定方法。根据情感识别模型的特点,在决策级引入加权融合和最大值规则,充分发挥多模态情感信息的优势,从而提高模型识别率。

先进技术的发展迅速而繁荣,如迷雾中乱花渐欲迷人眼。看透问题的本质,深刻理解并促进智能系统中情感识别建模理论与技术的发展,我们希望拨开迷雾,与大家一起拥抱未来!

本书得到北京市教委科技计划一般项目(KM202210017006)、教育部产学合作协同育人项目(22107153134955、220607039172210)、北京市石油化工学院校级教育教学改革与研究重点项目（ZDKCSZ202103002、ZDKCSZ202203004）、宁夏自然科学基金一般项目（2022AAC03757、2023AAC03889）、北京市数字教育研究课题（BDEC2022619048）、北京市高等教育学会课题（MS2022144）的支持。此书的编写得到许多同窗、老师、朋友和同事的帮助，在此表示衷心的感谢。本书参阅了大量的国内外资料，未能一一列出，借此向这些著作和文献资料的作者表示衷心的感谢。此外，感谢北京邮电大学出版社给予的大力支持。

魏　薇

2023 年 9 月

目　　录

第 1 章

绪　　论

1.1　智能系统

半个多世纪以来,智能系统迅速发展,引起了众多学科和不同专业背景学者们的广泛重视,并逐渐发展成为一门广泛的交叉和前沿科学。智能科学的研究成果将能够创造出更多、更高级的智能"制品",这些"制品"的智能在越来越多的领域超越人类的智能,智能系统已经并将继续为发展国民经济和改善人类生活做出更大的贡献。在智能系统的发展过程中始终面临一些争论、困难和挑战,然而这些争论是十分有益的,这些困难终将被解决,这些挑战始终与机遇并存,并将推动智能系统继续发展。本章讨论智能系统的定义、发展历史和分类。

1.1.1　智能系统的定义

关于智能系统,科技学术界至今都没有统一和公认的定义。下面将结合我们的理解给出相关定义,并尽可能提供各种不同的观点。

1. 知识的定义

人类的智力活动过程主要是一个获得并运用知识(Knowledge)的过程,知识是智能的基础。那么什么是知识呢? 具有不同研究与应用背景的学者对知识有不同的理解,进而形成不同的定义。其中,比较有代表性的定义如下。

定义 1.1 知识是经过归约、塑造、解释和转换的信息。简单地说,知识是经过加工的信息。(费根鲍姆,Feigenbaum)

此外,还有其他关于知识的认识。从知识库观点看,知识是某个论域中涉及的各有关方面、状态的一种符号表示。可从范围、目的、有效性三个方面对知识加以三维描述。其中,知识的范围是由具体到一般,知识的目的是由说明到指定,知识的有效性是由确定到不确定。例如,"为了证明 A→B,只需证明 A∧~B 是不可满足的",这是知识的一般性、指示性、确定性。

2. 信息的定义

定义 1.2 信息(Information)是知识的交流或对知识的感受,是对知识内涵的一种量测。

描述事件的信息量越大,该事件的不确定性就越小。

3. 智能的定义

定义 1.3 智能(Intelligence)是人类理解和学习事物的能力,或者说,智能是思考和理解问题的能力,而不是本能或自动处理问题的能力。

图灵(A. Turing)于 20 世纪三四十年代创造了一个通用的非数字计算机模型,并直接证明了计算机可能以某种被理解为智能的方法工作,即机器(计算机)能够具有智能[1]。许多哲学家和计算机科学家接受了这一思想,而另一些哲学家则反对这一思想,认为诸如创造发现、道德选择和爱情这样高度复杂的行为,将是机器永远无法实现的。

4. 智能机器的定义

定义 1.4 智能机器(Intelligent Machine)是一种能够呈现出人类智能行为的机器,而这种智能行为呈现出人类用大脑考虑问题或创造思想的智力功能。

定义 1.5 智能机器是一类能够在定型或不定型、熟悉或不熟悉、已知或未知的环境中自主或交互地执行各种拟人任务(Anthropomorphic Task)的机器。

5. 人工智能的定义

定义 1.6 长期以来,人工智能(Artificial Intelligence)研究者认为:人工智能(学科)是计算机科学中涉及研究、设计和应用智能机器的一个分支。它的近期主要目标在于研究用机器来模仿和执行人脑的某些智力功能,并开发相关理论和技术。

近年来,许多人工智能和智能系统研究者认为:人工智能(学科)是智能科学

(Intelligence Science)中涉及研究、设计、应用智能机器和智能系统的一个分支。而智能科学是一门与计算机科学并行的学科。确定人工智能到底属于计算机科学还是智能科学,可能仍需要一段时间的探讨与实践,而实践是检验真理的标准,实践将做出权威的回答。目前,两者的研究并不冲突,而是相辅相成的。或许有一天,它们终会走到一起。

1950 年,图灵设计和进行的著名实验(后来被称为图灵实验,即 Turing Test)提出并部分回答了"机器能否思维"的问题,这也是对人工智能的一个很好的注释。

6. 智能系统的定义

智能系统(Intelligent System)与人工智能有着十分密切的关系。智能系统可由显示知识库建立,而知识库又是由综合和正规的推理机制操作的。这意味着,研究从符号表示的知识获取信息的途径,即知识表示与推理,对研究智能系统是至关重要的。对知识系统的定义涉及两个问题:①专注于作为任何反映智能系统主题的知识表示与推理;②假设系统只包含表示知识和应用推理技术的机理,建立基于计算系统的模型。

定义 1.7　智能系统是一门通过计算实现智能行为的学科领域。简而言之,智能系统是具有智能的系统(Systems with Intelligence)。

任何计算都需要某个实体(如概念或数量)和操作过程(运算步骤),计算、操作和学习是智能系统的要素。而要进行操作,就需要适当的表示。与此相关的问题有:①知识或智能是如何表示的? ②知识或智能是如何操作(运算)的? ③知识或智能是如何学习(获取)的? 这些都是需要深入研究的问题。

定义 1.8　从工程观点出发,将智能系统定义为一门关于生成表示、推理过程和学习策略以自动(自主)解决人类此前解决过的问题的学科。于是,智能系统是认知科学的工程对应物,而认知科学是一门哲学、语言学和心理学相结合的科学。

有一种观点是在专家系统的基础上来定义智能系统的。

定义 1.9　智能系统是随着数据仓库、数据挖掘、知识发现、智能真体技术和分布式系统及算法的出现,由专家系统逐渐发展演变而成的具有专家解决问题能力的智能计算机程序系统。

1.1.2　智能系统的起源与发展

下面按时期来说明智能系统的发展过程,这种时期划分方法有时难以严谨,因为许多事件可能跨接不同时期,另外一些事件虽然时间相隔甚远但又可能密切相关。

1. 孕育时期(1956 年前)

人类对智能机器的梦想和追求可以追溯到三千多年前。早在我国西周时期(公元前 1046—前 771 年)就流传有关巧匠偃师献给周穆王一个歌舞艺妓(机器人)的故事。作为第一批自动化动物之一的能够飞翔的木鸟是在公元前 400 年至公元前 350 年间由我国工匠鲁班制成的。在公元前 2 世纪的书籍中,描写过一个具有类似机器人角色的机械化剧院,这些人造角色能够在宫廷仪式上进行舞蹈和列队表演。我国东汉时期(25—220 年),张衡发明的指南车是世界上最早的机器人雏形之一,指南车模型如图 1-1 所示。

图 1-1　指南车模型

20 世纪 30 年代和 40 年代的智能界提出了两个重要的理论:数理逻辑和关于计算的新思想。弗雷治(Frege)、怀特赫德(Whitehead)、罗素(Russell)和塔斯基(Tarski)等人的研究表明,推理的某些方面可以用比较简单的结构加以形式化。1913 年,年仅 19 岁的维纳(Wiener)在他的论文中将数理关系理论简化为类理论,为发展数理逻辑做出了贡献,并向机器逻辑迈进一步,与后来图灵提出的逻辑机不谋而合。1948 年,维纳创立的控制论(Cyberneties)对人工智能的早期思潮产生了重要影响,后来成为人工智能行为主义学派的核心理论[2]。数理逻辑仍然是人工智能研究的一个活跃领域,其部分原因是一些逻辑演绎系统已经在计算机上实现过。不过,在计算机出现之前,逻辑推理的数学公式就为人们建立了计算与智能关系的概念。

值得一提的是控制论思想对人工智能早期研究的影响。正如艾伦·纽厄尔(Aen Newell)和赫伯特·西蒙(Herbert Simon)在他们的优秀著作《人类问题求解》(*Human Problem Solving*)的"历史补篇"中指出的那样,20世纪中叶人工智能的奠基者们在人工智能研究中出现了几股强有力的思潮。维纳、麦卡洛克等人提出的控制论和自组织系统的概念集中讨论了"局部简单"系统的宏观特性。尤其重要的是,1948年维纳发表的论文《控制论》,不但开创了近代控制论,而且为人工智能的控制论学派(即行为主义学派)树立了新的里程碑[3]。控制论影响了许多领域,因为控制论的概念跨接了许多领域,从而将神经系统的工作原理与信息理论、控制理论、逻辑以及计算联系起来。控制论的这些思想是时代思潮的一部分,而且在许多情况下影响了许多早期和近期人工智能工作者,成为他们的指导思想。

从上述情况可以看出,人工智能开拓者们在数理逻辑、计算本质、控制论、信息论、自动机理论、神经网络模型和电子计算机等方面做出的创造性贡献,奠定了人工智能发展的理论基础。

2. 形成时期(1956—1970 年)

20世纪50年代,人工智能这一概念正式进入历史舞台,走进大家的视野。1956年夏季,由年轻的美国数学家和计算机专家麦卡锡(MeCarthy)、数学家和神经学家明斯基(Minsky)、IBM公司信息中心主任朗彻斯特(Lochester)以及贝尔实验室信息部数学家和信息学家香农(Shannon)共同发起,邀请 IBM 公司的莫尔(More)和塞缪尔(Samuel)、麻省理工学院的塞尔夫里(Selfhidge)和索罗蒙夫(Solomonfr)、兰德公司和卡内基梅隆大学的组厄(Newell)和西蒙(Simon),共 10人,在美国的达特茅斯大学举办了一次长达两个月的研讨会,认真热烈地讨论用机器模拟人类智能的问题,如图 1-2 所示。会上,麦卡锡提议正式使用"人工智能"这一术语。此次研讨会是人类历史上第一次人工智能研讨会,标志着人工智能学科的诞生,具有十分重要的历史意义。这些从事数学、心理学、信息论、计算机科学和神经学研究的杰出青年学者,后来绝大多数都成为了著名的人工智能专家,为人工智能的发展做出了重要贡献。

图 1-2　达特茅斯会议部分参会人合影

　　最终将这些不同思想连接起来的是由巴贝奇(Babbage)、图灵、冯·诺依曼(Von Neumman)等人所研制的计算机本身。在用机器模拟人类智能的应用可行之后不久,人们就开始试编写程序以解决智力测验难题、数学定理和其他命题的自动证明、下棋,以及将文本从一种语言翻译成另一种语言,这些程序即是第一批人工智能程序。对于计算机来说,促使人工智能发展的是什么呢? 是出现在早期设计中的许多与人工智能有关的计算概念,包括存储器和处理器的概念、系统和控制的概念,以及语言的程序级别的概念。不过,引起新学科出现的新机器的唯一特征是这些机器的复杂性,它促进了对描述复杂过程方法的新的、更直接的研究。

　　这一时期人工智能已成为一门独立学科,这一时期为进一步发展人工智能打下了重要基础。虽然人工智能在前进的道路上仍将面临不少困难和挑战,但是有了这个基础,就能够迎接挑战,抓住机遇,不断发展。

3. 暗淡时期(1966—1974 年)

　　在形成期和后面的知识应用期之间,交叠地存在一个人工智能的暗淡期。在取得"红火"发展的同时,人工智能也遇到了一些困难和问题。

　　一方面,一些人工智能研究者被胜利冲昏了头脑,盲目乐观,对人工智能的未来发展和成果做出了过高的预言,而这些预言的失败,给人工智能的声誉造成了重大伤害。同时,人工智能的许多理论和方法未能得到推广应用,专家系统尚未获得广泛开发,使得人工智能的重要价值得不到充分的认可。

另一方面,科学技术的发展对人工智能提出了新的要求甚至挑战。例如,此时期认知生理学研究发现,人类大脑含有 10^{11} 个以上神经元,而人工智能系统或智能机器在现有技术条件下无法从结构上模拟大脑的功能。此外,哲学、心理学、认知生理学和计算机科学各学术界对人工智能的本质、理论和应用各方面一直抱有怀疑和批评,也使得人工智能四面楚歌。例如,1971 年英国剑桥大学数学家詹姆士(James)按照英国政府的旨意,发表了一份关于人工智能的综合报告,声称"人工智能不是骗局,也是庸人自扰"。在这个报告的影响下,英国政府削减了人工智能研究经费,解散了人工智能研究机构。在人工智能的发源地美国,连在人工智能研究方面颇有影响的 IBM,也被迫取消了该公司的所有人工智能研究工作。人工智能研究在世界范围内陷入困境,处于低潮,由此可见一斑。

4. 知识应用时期(1970—1988 年)

费根鲍姆研究小组自 1965 年开始研究专家系统,并于 1968 年开发出了第一个专家系统——DENDRAL。1972—1976 年,他们又开发出了 MYCIN 医疗专家系统,用于抗生素药物治疗。此后,许多著名的专家系统,如斯坦福国际人工智能研究中心的杜达(Duda)开发的 PROSPECTOR 地质勘探专家系统、拉特格尔大学开发的 CASNET 青光眼诊断治疗专家系统、麻省理工学院开发的 MACSYMA 符号积分和数学专家系统,以及 R1 计算机结构设计专家系统、ELAS 钻井数据分析专家系统和 ACE 电话电缆维护专家系统等被相继开发,为工矿数据分析处理、医疗诊断、计算机设计、符号运算等提供了强有力的工具。在 1977 年举行的第五届国际人工智能联合会议上费根鲍姆正式提出了知识工程(Knowledge Engineering)的概念,并预言 20 世纪 80 年代将是专家系统蓬勃发展的时代。

整个 80 年代,专家系统和知识工程在全世界得到迅速发展。专家系统为企业等用户赢得了巨大的经济效益。截至 1988 年,美国数字设备公司的人工智能团队开发了 40 个专家系统。更有甚者,杜珀公司已使用 100 个专家系统,正在开发 500 个专家系统。几乎每个美国大公司都拥有自己的人工智能小组,并应用或投资专家系统。20 世纪 80 年代,日本和西欧也争先恐后地投入对专家系统的智能计算机系统的开发,并应用于工业部门。其中,日本 1981 年发布的"第五代智能计算机计划"就是一例。在开发专家系统的过程中,许多研究者获得共识——人工智能系统是一个知识处理系统。知识表示、知识利用和知识获取由此成为人工智能系统的三个基本问题。

5. 集成发展时期(1986 年至今)

20 世纪 80 年代后期以来,机器学习、计算智能、人工神经网络和行为主义等研究深入开展,不时形成高潮。有别于符号主义的连接主义和行为主义的人工智能学派也乘势而上,获得新的发展。不同人工智能学派间的争论推动了人工智能研究和应用的进一步发展。以数理逻辑为基础的符号主义,从命题逻辑到谓词逻辑再到多值逻辑,包括模糊逻辑和粗糙集理论,已为人工智能的形成和发展做出了历史性贡献,并已超出传统符号运算的范畴,表明符号主义在发展中不断寻找新的理论、方法和实现途径。传统人工智能的数学计算体系仍不够严谨和完整。除了模糊计算外,近年来,许多模仿人脑思维、自然特征和生物行为的计算方法(如神经计算、进化计算、自然计算、免疫计算和群计算等)已被引入人工智能学科。我们将这些有别于传统人工智能的智能计算理论和方法称为计算智能(Computational Intelligence,CI)。计算智能弥补了传统 AI 缺乏数学理论和计算的不足,更新并丰富了人工智能的理论框架,使人工智能进入了一个新的发展时期。人工智能不同观点、方法和技术的集成,是人工智能发展所必需,也是人工智能发展的必然。

值得一提的是对人类大脑的最新研究计划。欧盟于 2013 年 1 月 28 日宣布将在未来 10 年内为"人类大脑计划(Human Brain Project)"提供 10 亿欧元的研发经费,由来自 23 个国家(其中 16 个是欧盟国家)的大学、研究机构和工业界的 87 个组织通力合作,用计算机模拟的方法研究人类大脑是如何工作的。该研究有望促进人工智能、机器人学和神经形态计算系统的发展,奠定医学进步的科学和技术基础,有助于神经系统及相关疾病的诊疗及药物测试。

差不多与此同时,美国总统奥巴马于 2013 年 4 月 2 日宣布了一项旨在揭开人类大脑未解之谜的重大研究计划"BRAIN":将从 2014 财年的政府预算中拿出 1 亿美元,用于进行一项找出治疗阿尔茨海默氏症等与大脑有关的疾病的方法的研究。此计划将利用新技术解析脑细胞及神经的运作,探索大脑奥秘,帮助研究人员找到治疗、治愈和预防老年痴呆、癫病和创伤性脑损伤等脑部疾病的新方法。在这个重大研究计划的框架下,美国国家卫生研究院于 2013 年 9 月 16 日公布了包括统计大脑细胞类型,建立大脑结构图,开发大规模神经网络记录技术,开发操作神经回路的工具,了解神经细胞与个体行为之间的联系,将神经科学实验与理论、模型、统计学等整合,描述人类大脑成像技术的机制,为科学研究建立收集人类数据的机制,以及知识传播与培训等 9 个资助领域。2016 年 10 月 12 日,美国总统办公室发布了人工智能白皮书和人工智能发展战略规划——《为人工智能的未来做好准备》

和《美国国家人工智能研究与发展战略规划》。其中,白皮书《为人工智能的未来做好准备》详尽地阐述了在发展人工智能技术方面政府的职责。在该白皮书中,政府提议建立一个类似国防高级研究计划局的机构,支撑高风险、高回报的人工智能研究及应用;建议联邦机构在人工智能领域应优先开放培训数据和数据标准;建议美国交通部不断完善监督框架,将全自动车辆和无人机(包括新型交通工具设计)安全整合入交通系统。报告称,相关部门需要考虑的另一个问题就是人工智能与网络安全的相互影响。

　　欧盟和美国的上述最新研究计划,必将激发一场世界范围内的大脑研究热潮,推动智能系统和人工智能的研究,促进智能系统和人工智能学科的进一步发展。

　　我国的智能系统研究起步较晚。纳入国家计划的研究"智能模拟"始于1978年;1984年召开了智能计算机及其系统的全国学术讨论会;1986年起将智能计算机系统、智能机器人和智能信息处理(含模式识别)等重大项目列入国家高技术研究发展计划;1993年起又将智能控制和智能自动化等项目列入国家科技攀登计划。进入21世纪后,已有更多的人工智能与智能系统研究获得各种基金计划支持,并与国家国民经济和科技发展的重大需求相结合,力求做出更大贡献。1981年起,相继成立了中国人工智能学会、智能机器人专业委员会、智能控制专业委员会、全国高校人工智能研究会、中国计算机学会人工智能与模式识别专业委员会、中国自动化学会模式识别与机器智能专业委员会、中国软件行业协会人工智能协会以及智能自动化专业委员会等学术团体。1989年首次召开了中国人工智能控制联合会议(CJCAI)。已有约50部人工智能专著和教材出版。《模式识别与人工智能》杂志和《智能系统学报》已分别于1987年和2006年创刊。2006年8月,中国人工智能学会联合兄弟学会和有关部门,在北京举办了包括人工智能国际会议和中国象棋人机大战等在内的"庆祝人工智能学科诞生50周年"大型庆祝活动,产生了很好的影响。中国的人工智能工作者已在人工智能领域取得许多具有国际先进水平的创造性成果。其中,尤以吴文俊院士关于几何定理证明的"吴氏方法"最为突出。已在国际上产生了重大影响,并荣获2001年国家科学技术最高奖。在21世纪,我国已有数以万计的科技人员和高校师生从事不同层次的人工智能研究与学习,人工智能研究已在我国深入开展,它必将为促进其他学科的发展和我国的现代化建设做出新的重大贡献。

　　21世纪初,中国政府开始重视人工智能技术的发展,出台了一系列的政策和计划,促进人工智能技术的研究与应用。2012年以来,人工智能在国内获得快速发展,国家相继出台了一系列政策支持人工智能的发展,推动中国人工智能步入新阶段。2015 年至今,我国人工智能技术和产业呈现爆炸式的增长态势。中国人工智能专利申请数量排名全球第二,仅次于美国。国内一大批高校相继宣布成立人工智能研究院,推动产学研结合。我国在计算机视觉、语音识别技术方面已处于国际领先水平,技术成熟。2017 年 3 月,"人工智能"首次写入政府工作报告。同年 7 月,国务院正式印发《新一代人工智能发展规划》,确立了新一代人工智能发展三步走战略目标:到 2020 年,达到世界先进水平,成为重要经济增长点;到 2025 年,实现基础理论的重大突破,成为我国产业升级和经济转型的主要动力;到 2030 年,人工智能理论、技术与应用总体达到世界领先水平,成为世界主要人工智能创新中心。人工智能的发展至此上升到国家战略层面。

1.1.3 智能系统的分类

分类学与科学学这两门学科主要研究科学技术学科的分类问题,本是十分严谨的学问,但对于一些新学科却很难确切地对其进行分类或归类。例如,至今多数学者都将人工智能看作计算机科学的一个分支;但从科学长远发展的角度看,人工智能可能要归类于智能科学的一个分支。智能系统也尚无统一的分类方法,下面按其作用原理可分为下列几种系统。

1. 专家系统

专家系统(Expent System,ES)是人工智能和智能系统应用研究最活跃和最广泛的领域之一,并且存在一些不同的定义。自从 1965 年第一个专家系统DENDRAL 在美国斯坦福大学问世以来,经过 20 年的研究开发,到 20 世纪 80 年代中期,各种专家系统已遍布各个专业领域,取得很大的成功[4]。在 21 世纪,专家系统得到了更为广泛的应用,并在应用开发中得到进一步发展。

定义 1.10 专家系统是一个智能计算机程序系统。其内部含有大量的某个领域专家水平的知识与经验,能够利用人类专家的知识和解决问题的方法来处理该领域问题。也就是说专家系统是一个具有大量的专门知识与经验的程序系统。它应用人工智能技术和计算机技术,根据某领域一个或多个专家提供的知识和经验,进行推理和判断,模拟人类专家的决策过程,以便解决那些需要人类专家处理的复杂问题。简而言之,专家系统是一种模拟人类专家解决领域问题的计算机程序系统。

此外,还有其他一些关于专家系统的定义。这里首先给出专家系统技术先行者和开拓者美国斯坦福大学教授费根鲍姆 1982 年对人工智能的定义,为便于读者准确理解该定义的原意下面用英文原文给出。

定义 1.11 Expert system is "an intelligent computer program that uses knowledge and inference procedures to solve problems that are difficult enough to require significant human expertise for their solutions." That is, an expert system is a computer system that emulates the decision-making ability of a human expert. The term emulate means that the expert system is intended to act in all respects like a human expert.

专家系统是将专家系统技术和方法,尤其是工程控制论的反馈机制有机结合而建立的。专家系统已广泛应用于故障诊断、工业设计和过程控制[5,6]。专家系统一般由知识库、推理机、控制规则集和算法等组成。专家系统所研究的问题一般具有不确定性,是以模仿人类智能为基础的。

2. 模糊逻辑系统

扎德(L. Zadeh)于 1965 年提出的模糊集合理论成为处理现实世界各类物体的方法,意味着模糊逻辑技术的诞生[7]。此后,对模糊集合和模糊控制的理论研究和实际应用进行广泛地开展。1965—1975 年间,扎德对许多重要概念进行研究,包括模糊多级决策、模糊近似关系、模糊约束和语言学界限等[8,9]。此后 10 年许多数学结构借助模糊集合实现模糊化。这些数学结构涉及逻辑、关系、函数、图形、分类、语法、语言、算法和程序等。

模糊系统是一类应用模糊集合理论的智能系统。模糊系统的价值可从两个方面来考虑。一方面,模糊系统提出一种新的机制用于实现基于知识(规则)甚至语义描述的表示、推理和操作规律。另一方面,模糊系统为非线性系统提出一个比较容易的设计方法,尤其是当系统含有不确定性而且很难用常规非线性理论处理时,更是有效。模糊集合和模糊逻辑推理是模糊系统的基础。模糊数学的基础包括模糊集合及其运算法则、模糊关系、模糊变换和模糊逻辑推理等。

3. 神经网络系统

人工神经网络(Artificial Neral Network, ANN)研究的先锋麦卡洛克(MeCulloch)和皮茨(Pitts)曾于 1943 年提出了一种叫作"似脑机器"(Mindlike Machine)的思想,这种机器可由基于生物神经元特性的互连模型来制造,这就是神经学网络的概念[10]。他们构造了一个表示大脑基本组分的神经元模型,对逻辑操作系统表现出通用性。随着大脑和计算机研究的进展,研究目标已从"似脑机器"变为"学习机器",为此一直关心神经系统适应律的赫布提出了学习模型。罗森布拉特(Rosrblat)命名感知器,并设计了一个引人注目的结构。到 20 世纪 60 年代初期,关于学习系统的专用设计方法有威德罗(Widrow)等人提出的自适应线性元(Adaptive Linear Element,Adaline)以及斯组巴克(Steinbuch)等人提出的学习矩阵。由于感知器的概念简单,因而在感知器被提出时人们对它寄托了很大希望。然而,不久之后明斯基和帕伯特(Papet)从数学上证明了感知器不能实现复杂逻辑功能。

到了 20 世纪 70 年代,格罗斯伯格(Gmsheg)和科霍恩(Kohonen)对神经网络研究做出了重要贡献。以生物学和心理学证据为基础,格罗斯伯格提出了几种有新颖特性的非线性动态系统结构。该系统的网络动力学由一阶微分方程建模,而网络结构为模式聚集算法的自组织神经实现。基于神经元组织自调整各种模式的思想,科霍恩发展了他在自组织映射方面的研究工作。沃博斯(Wehos)在 70 年代提出了一种反向传播算法。霍普菲尔德在神经元交互作用的基础上引入一种递归型神经网络,这种网络就是有名的霍普菲尔德网络。在 80 年代中叶,作为一种前馈神经网络的学习算法,帕克(Paker)和鲁姆尔哈特(Rumelhart)等人重新提出了反向传播算法。在 21 世纪,神经网络已在从家用电器到工业对象的广泛领域找到它的用武之地,其主要应用涉及模式识别、图像处理、自动控制、机器人、信号处理、管理、商业、医疗和军事等领域。

神经网络具有学习和适应、自组织、函数逼近和大规模并行处理等能力,因而具有用于智能系统的巨大潜力。神经网络在模式识别、信号处理、自动控制、系统辨识和优化等方面均有应用。将神经网络用于非线性和不确定性,以及逼近系统的辨识函数等,是十分有效的。

4. 机器学习系统

学习(Learning)是一个非常普遍的术语,人和计算机都通过学习获取和增加知识、改善技术和技巧。具有不同背景的人对"学习"具有不同的看法和定义。学习是人类的主要智能之一,在人类进化的过程中,学习起到了很大的作用。

维纳(Wiener)于 1965 年对学习给出了一个比较普遍的定义。

定义 1.12 一个具有生存能力的动物在它的一生中能够被其生存的环境所改造。一个能够繁殖后代的动物至少能够生产出与自身相似的动物(后代),即使这种相似可能随着时间变化。如果这种变化是可自我遗传的,那么就存在一种能受自然选择影响的物质。如果该变化是以行为形式出现,并假定这种行为是无害的,那么这种变化就会世代相传下去。这种从一代至其下一代的变化形式称为种族学习(Racial Learning)或系统发育学习(System Growth Leaning),而发生在特定个体上的这种行为变化或行为学习,则称为个体发育学习(Individual Growth Learning)。

香农(Shannon)在 1953 年对学习给予较多限制的定义。

定义 1.13 假设(1)一个有机体或一部机器处在某类环境中,或者同该环境有联系;(2)对该环境存在一种"成功的"度量或"自适应的"度量;(3)这种度量在时间上是比较局部的。也就是说,人们能够用一个比有机体生命期短的时间来测识这种成功的度量。对于所考虑的环境,如果这种全局的成功度量能够随时间而改善,那么我们就说对于所选择的成功度量,该有机体或机器正为适应这类环境而学习。

茨普金(Tsypkin)对学习和自学习给予了较为一般的定义。

定义 1.14 学习是一种过程,通过对系统重复输入各种信号,并从外部校正该系统,从而系统对特定的输入作用具有特定的响应。自学习就是不具外来校正的学习,即不具奖罚的学习,它不给出系统响应正确与否的任何附加信息。

西蒙(Simon)对学习给予了更准确的定义。

定义 1.15 学习表示系统中的自适应变化,该变化能使系统比上一次更有效地完成同一群体所执行的同样任务。

进入 21 世纪以来,机器学习的研究取得了新的进展,尤其是一些新的学习方法为学习系统注入的新鲜血液,必将推动学习系统研究的进一步开展。

5. 仿生进化系统

科学家和工程师们应用数学和科学来模仿自然,包括人类和生物的自然智能。人类智能已激励出高级计算、学习方法和技术。仿生智能系统就是模仿与模拟人类和生物行为的智能系统,试图通过人工方法模仿人类智能已有很长的历史了。

生物通过个体间的选择、交叉、变异来适应大自然环境,生物种群的生存过程普遍遵循达尔文的"物竞天择,适者生存"的进化准则,种群中的个体根据对环境的适应能力而被大自然选择或淘汰。进化过程的结果反映在个体结构上,其染色体包含若干基因,相应的表现型和基因型的联系体现了个体的外部特性与内部机理间的逻辑关系。生物通过个体间的选择、交叉、变异来适应大自然环境。生物染色体用数学方式或计算机方式来体现就是一串数码,仍叫作染色体,有时也叫作个体；适应能力用染色体数码的数值来衡量；染色体的选择或淘汰问题按求最大或最小问题来进行。把进化计算（Evolutionary Computation），特别是遗传算法（Generic Algorithm，GA）机制用于人工系统和过程，则可实现一种新的智能系统，即仿生智能系统（Bionic Intelligent System）。

6. 群智能系统

群智能系统是另一类仿生系统。假定某个团队正在执行寻宝的任务，团队内每个人都有一个金属探测器并能将自己的通信信号和当前位置传给几个最邻近的伙伴。因此，每个人都知道是否有个邻近伙伴比他更接近宝藏。如果是这种情况，你就可以向该邻近伙伴移动。这样做的结果就使得你可能更快地发现宝藏，而且找到该宝藏也可能要比你单人寻找快得多。这是一个对群行为（Swarm Behavior）的极其简单的实例。其中，群中各个体交互作用使用比单一个体更有效的方法来寻找全局目标。

群社会网络结构形成该群存在的一个集合，它提供了个体间交换经验知识的通信通道。群社会网络结构的一个惊人结果是建立最佳蚁巢结构、分配劳力和收集食物等方面的组织能力。群计算建模已获得许多成功的应用，从不同的群研究得到不同的应用。其中，最引人注目的是对蚁群和鸟群的研究工作。其中，群优化方法是由模拟鸟群的社会行为发展起来的，而蚁群优化主要是由建立蚂蚁的轨迹跟踪行为模型而形成的。

7. 多真体系统

计算机技术、人工智能、网络技术的出现与发展，突破了集中式系统的局限性，并行计算和分布式处理等技术（包括分布式人工智能）和多真体系统（Muliple Agent System，MAS）应运而生。可将真体（Agent）看作能够通过传感器感知其环境，并借助执行器作用于该环境的任何事物。

多真体系统具有分布式系统的许多特性，如交互性、社会性、协作性、适应性和分布性等。此外，多真体系统还具有如下特点：数据分布或分散；计算过程异步、并发或并行；每个真体具有不完全的信息和问题求解能力；不存在全局控制。多真体系统技术除了移动外，还包括分布式系统、分布式智能、计算机网络、通信、移动模型和计算、编程语言、安全性、容错和管理等关键技术。多真体系统已获得十分广泛的应用，涉及机器人协调、过程控制、远程通信、柔性制造网络通信、网络管理、交通控制、电子商务、数据库、远程教育和远程医疗等。

8. 混合智能系统

前面介绍的几种智能系统,各有优点和缺点。例如,模糊逻辑擅长于处理不确定性,神经网络主要用于学习,进化计算是优化的高手。在真实世界中,不仅需要不同的知识,而且需要不同的智能技术。这种需求导致了混合智能系统的出现。单一智能机制往往无法满足一些复杂的、未知的或动态的系统要求,这就需要开发某些混合的智能技术和方法,以满足现实问题提出的要求。

以智能控制为例,只有在出现和应用智能控制之后才有可能实现混合智能控制。所谓混合智能控制主要是指不同智能控制手段的集成,而不包括智能控制手段与非智能控制手段的集成。由此可见,混合智能控制包含十分广泛的领域,用丰富多彩来形容一点也不过分。混合智能系统在相当长的一段时间成为智能系统研究与发展的一种趋势,各种混合智能方案如雨后春笋般破土而出、纷纷面世。其中也的确不乏有好方案和好示例。混合能否成功,不仅取决于结合前各方的固有特性和结合后取长补短或优势互补的效果,而且也需要经受实际应用的检验。

此外,还可以按照应用领域来对智能系统进行分类,如智能机器人系统、智能决策系统、智能加工系统、智能控制系统、智能规划系统、智能交通系统、智能管理系统、智能家电系统等。

1.2　情感识别

情感在人们的日常生活中起着重要的作用。人与人之间的交流过程中传递着大量的情感信息,这使得人们可以进行和谐自然的交流。随着感性工学和人工心理学的发展,情感逐渐受到认知科学研究者的广泛关注。目前,认知科学家把情感与知觉、学习、记忆、言语等经典认知过程相提并论,关于情感本身及情感与其他认知过程中相互作用的研究也成为当代认知科学的热点。

情感识别是人机情感交互系统和情感机器人的关键技术,随着人工智能技术的发展,人机交互已经逐渐步入人们的日常生活,但是传统的人机交互方式是机械化的,难以满足现在的需求。情感识别技术的引入使机器具有了与人类似的情感功能,在人机交互中能够与人发生情感上的互动,从而使得人与机器间的交流更加自然。

1.2.1 情感识别概述

有关人类情感的研究,早在19世纪末就进行了,但是极少有人将"感情"和无生命的机器联系起来。让计算机具有情感能力是由美国麻省理工学院明斯基在1985年提出的,问题不在于智能机器能否有任何情感,而在于机器实现智能时怎么能够没有情感。2006年明斯基发表专著《情感机器》[11],他指出,情感是人类的一种特殊思维方式,提出了塑造智能机器的6大维度:意识、精神活动、常识、思维、智能、自我。

美国麻省理工学院多媒体实验室皮卡德(Rw,Picard)在1997年提出情感计算(Affective Computing)。她指出:情感计算是关于情感、情感产生以及影响情感方面的计算。传统的人机交互,主要通过键盘、鼠标、屏幕等方式进行,只追求便利和准确,无法理解和适应人的情绪或心境。而如果缺乏这种情感理解和表达能力,就很难指望人机交互做到真正地和谐与自然。由于人类之间的沟通与交流是富有感情的,因此,在人机交互的过程中,人们也很自然地期望计算机具有情感能力。情感计算就是要赋予计算机类似于人一样的观察、理解和生成各种情感特征的能力,最终使计算机像人一样能进行自然、亲切和生动的交互[12]。

情感计算研究的重点在于通过各种传感器获取人的情感所引起的生理及行为特征信号,建立"情感模型",从而创建感知、识别和理解人情感的能力,并能针对用户的情感做出智能、灵敏、友好反应的个人计算系统,缩短人机之间的距离,营造真正和谐的人机环境。情感计算主要包括以下研究内容。

1. 情感机理

情感机理的研究主要面向情感状态判定及与生理和行为之间的关系,涉及心理学、生理学、认知科学等,为情感计算提供理论基础。人类情感的研究已经是一个非常古老的话题,心理学家、生理学家已经在这方面做了大量的工作。任何一种情感状态都可能会伴随几种生理或行为特征的变化;而某些生理或行为特征也可能起因于数种情感状态。因此,确定情感状态与生理或行为特征之间的对应关系是情感计算理论的基本前提,这些对应关系目前还不十分明确,需要做进一步的探索和研究。

2. 情感信号的获取

情感信号的获取研究主要是指各类有效传感器的研制,这是情感计算中极为重要的环节。没有有效的传感器,可以说就没有情感计算的研究,因为情感计算的所有研究都是基于传感器所获得的信号。各类传感器应具有如下基本特征:使用过程中不应影响用户(如重量、体积、耐压性等),应该经过医学检验对用户无伤害;能保证数据的隐私性、安全性和可靠性;价格低、易于制造等。美国麻省理工学院多媒体实验室的传感器研制走在了世界的前列,该实验室已研制出多种传感器,如脉压传感器、皮肤电流传感器、汗液传感器及肌电流传感器等。皮肤电流传感器可实时测量皮肤的导电系数,通过导电系数的变化可测量用户的紧张程度。脉压传感器可时刻监测由心动变化而引起的脉压变化。汗液传感器是一条带状物,可通过其伸缩的变化时刻监测呼吸与汗液的关系。肌电流传感器可以测得肌肉运动时的弱电压值。

3. 情感信号的分析、建模与识别

一旦由各类有效传感器获得了情感信号,下一步的任务就是将情感信号与情感机理相应方面的内容对应起来,这里要对所获得的信号进行建模和识别。由于情感状态是一个隐含在多个生理和行为特征之中的不可直接观测的量,不易建模,部分可采用诸如隐马尔可夫模型、贝叶斯网络模式等数学模型。美国麻省理工学院多媒体实验室给出了一个隐马尔可夫模型,可根据人类情感概率的变化推断得出相应的情感走向。研究如何度量人工情感的深度和强度,研究定性和定量的情感度量的理论模型、指标体系、计算方法、测量技术。

4. 情感理解

通过对情感的获取、分析与识别,计算机便可了解其所处的情感状态。情感计算的最终目的是使计算机在了解用户情感状态的基础上,做出适当反应,去适应用户情感的不断变化。因此,这部分主要研究如何根据情感信息的识别结果,对用户的情感变化做出最适宜的反应。在情感理解的模型建立和应用中,应注意以下事项:情感信号的跟踪是实时的和保持一定时间记录的;情感的表达是根据人们情感状态实时的;情感模型是针对于个人生活的,并可在特定状态下进行编辑;情感模型具有自适应性,通过理解情况反馈调节识别模式。

5. 情感表达

前面的研究是从生理或行为特征来推断情感状态。情感表达则是研究其相反过程,即给定某一情感状态,研究如何使这一情感状态在一种或几种生理或行为特征中体现出来。例如,如何在语音合成和面部表情合成中得以体现,使机器具有情感,能够与用户进行情感交流。情感的表达提供了情感交互和交流的可能,对于单个用户来讲,情感的交流主要包括人与人、人与机器、人与自然和人类自己的交互、交流。

6. 情感生成

在情感表达的基础上,进一步研究如何在计算机或机器人中,模拟或生成情感模式,开发虚拟或实体的情感机器人或具有人工情感的计算机及其应用系统的机器情感生成理论、方法和技术。到目前为止,有关研究已经在脸部表情、姿态分析、语音的情感识别和表达方面获得了一定的进展。

虽然情感计算是一门新兴学科,心理学和认知科学对情感计算的发展起到了很大的促进作用。心理学的研究表明,情感是人与环境之间某种关系的维持或改变,当外界环境的发展与人的需求及愿望相符时会引起人积极肯定的情感,反之则会引起人消极否定的情感。情感因素往往影响着人们的理性判断和决策,因此人们常常以避免"感情用事"来告诫自己和他人。但情感因素对人们的影响也不都是负面的,根据心理学和医学的相关研究成果,人们如果丧失了一定的情感能力,如理解和表达情感的能力,那么理性的决策和判断是难以达到的。不少学者认为情感能力是人类智能的重要标志,领会、运用、表达情感的能力发挥着比传统的智力更为重要的作用。

情感计算的主要目的是检测并识别人的行为信息中隐含的情感,这也正是本书的重点。

1.2.2 情感的构成要素

情感的构成包括三种层面:在认知层面上的主观体验,在生理层面上的生理唤醒,在表达层面上的外部行为,如图 1-3 所示。当情感产生时,这三种层面共同活动,构成一个完整的情感体验过程。

1. 主观体验

情感的主观体验是人的一种自我觉察,即大脑的一种感受状态。人有许多主观感受,如喜、怒、哀、乐、爱、惧、恨等。人们对事物的态度不同会产生不同的感受。人对自己、对他人、对事物都会产生一定的态度,如对朋友不幸遭遇的同情,对敌人凶暴的仇恨,对事业成功的喜悦,对考试失败的悲伤。这些主观体验只有个人内心才能真正感受到或意识到,如我知道"我很高兴",我意识到"我很痛苦",我感受到

"我很内疚",等等。

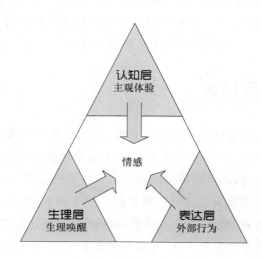

图 1-3　情感构成三要素

2. 生理唤醒

生理唤醒是指情感产生的生理反应。它涉及广泛的神经结构,如中枢神经系统的脑干、中央灰质、丘脑、杏仁核、下丘脑、蓝斑、松果体、前额皮层,及外周神经系统和内、外分泌腺等。生理唤醒是一种生理的激活水平。不同情感的生理反应模式是不一样的,如满意、愉快时心跳节律正常;恐惧或暴怒时,心跳加速、血压升高、呼吸频率增加甚至出现间歇性停顿;痛苦时血管容积缩小等。脉搏加快、肌肉紧张、血压升高及血流加快等生理指数,是一种内部的生理反应过程,常常是伴随不同情感产生的。

3. 外部行为

在情感产生时,人们还会出现一些外部反应过程,这一过程也是情感的表达过程。例如,人悲伤时会痛哭流涕,激动时会手舞足蹈,高兴时会开怀大笑。情感所伴随出现的这些相应的身体姿态和面部表情,就是情感的外部行为。它经常成为人们判断和推测情感的外部指标,但由于人类心理的复杂性,有时人们的外部行为会出现与主观体验不一致的现象。比如,在一大群人面前演讲时,明明心里非常紧张,还要做出镇定自若的样子。

主观体验、生理唤醒和外部行为作为情感的三个组成部分,在评定情感时缺一不可,只有三者同时活动,同时存在,才能构成一个完整的情感体验过程。例如,当一个人佯装愤怒时,他只是外在行为的愤怒,却没有真正的内在主观体验和生理唤醒,因而也就称不上有真正的情感过程。因此,情感必须是上述三方面同时存在,并且有一一对应的关系,一旦出现不对应,便无法确定真正的情感是什么。这也正是情感研究的复杂性,以及对情感下定义的困难所在。

1.2.3 情感识别现状

情感识别是通过对情感信号的特征提取,得到能最大限度地表征人类情感的情感特征数据,据此进行建模,找出情感的外在表象数据与内在情感状态的映射关系,从而将人类当前的内在情感类型识别出来。在情感计算中,情感识别是最重要的研究内容之一。情感识别的研究主要包括人脸表情识别、生理信号情感识别和语音情感识别等。目前,我国关于情感识别的研究已经比较普遍。例如,清华大学、中国科学院、北京航空航天大学、北京科技大学、哈尔滨工业大学、东南大学、上海交通大学、中国地质大学(武汉)等多所高校和科研机构参与了情感识别相关课题的研究。

1. 语音情感识别

美国麻省理工学院多媒体实验室 Picard 教授带领的情感计算研究团队在1997 年就开始了对于语音情感的研究。在语音情感识别方面,该团队的成员 Fernandez 等人开发了汽车驾驶语音情感识别系统,通过语音对司机的情感状态进行分析,有效减少了车辆行驶过程中因不好情感状态而引起的危险。美国南加利福尼亚大学语音情感研究团队以客服系统为应用背景,致力于语音情感的声学分析与合成,并对积极情绪和消极情绪两种情感状态进行识别。该团队将语音情感识别技术集成到语音对话系统中,使计算机能够更加自然、和谐地与人进行交互[13,14]。在国内中国地质大学(武汉)自动化学院情感计算团队对独立人和非独立人的语音情感识别进行了深入的研究,他们对说话人的声学特征和韵律特征进行分析,提取了独立说话人的语音特征和非独立说话人的语音特征[15]。清华大学蔡连红教授带领的人机语音交互研究室也开展了语音情感识别的研究。在语音情感识别方面,他们主要是针对普通话,对其韵律特征进行分析。但因为语音的声学特征比较复杂,不同人之间的声学差异较大,所以目前针对非独立人之间的语音情感识别技术还需要进一步研究[16]。

2. 人脸表情识别

人脸表情识别是情感识别中非常关键的一部分。在人类交流过程中,有 55%

是通过面部表情来完成情感传递的。20 世纪 70 年代,美国心理学家 Ekman 和 Friesen 对现代人脸表情识别做了开创性的工作。Ekman 定义了人类的 6 种基本表情:高兴、生气、吃惊、恐惧、厌恶和悲伤,确定了识别对象的类别,建立了面部动作编码系统(Facial Action Coding System,FACS),使研究者能够按照系统划分的一系列人脸动作单元来描述人脸面部动作,根据人脸运动与表情的关系,检测人脸面部细微表情[17]。随后,Suwa 等人对人脸视频动画进行了人脸表情识别的最初尝试。随着模式识别与图像处理技术的发展,人脸表情识别技术得到迅猛发展与广泛的应用。目前,大多数情感机器人,如美国麻省理工学院的 Kismet 机器人、日本的 AHI 机器人等都具有较好的人脸表情识别能力。在我国,哈尔滨工业大学高文教授团队首先引入了人脸表情识别的研究成果。随后,北京科技大学王志良教授团队将人脸表情识别算法应用于机器人的情感控制研究中。另外,清华大学、中国科学院等都对面部表情识别进行了深入的研究。但是由于人类情感和表情的复杂性,识别算法的有效性和鲁棒性还不能完全达到实际应用的要求,这些都是未来研究中有待解决的问题[18]。

3. 生理信号情感识别

美国麻省理工学院多媒体实验室情感计算研究团队最早对生理信号的情感识别进行研究,同时也证明了生理信号运用到情感识别中是可行的。Picard 教授在最初的实验中采用肌电、皮肤电、呼吸和血容量搏动 4 种生理信号,并提取它们的 24 维统计特征对 4 种情感状态进行识别[19]。德国奥格斯堡大学计算机学院的 Wagner 等人对心电、肌电、皮肤电和呼吸 4 种生理信号进行分析来识别高兴、生气、喜悦和悲伤 4 种情绪,取得了较好的效果[20]。韩国的 Kim 等人研究发现通过测量心脏心率、皮肤导电率、体温等生理信号可以有效地识别人的情感状态,他们与三星公司合作开发了一种基于多生理信号短时监控的情感识别系统[21]。在我国,基于生理信号情感识别的研究起步较晚,北京航空航天大学毛峡教授团队对不同情感状态的生理信号进行了初步的研究[22]。江苏大学和上海交通大学建立了自己的生理信号情感识别数据库,从心电信号、脑电信号等进行特征提取和识别。西南大学的刘光远教授等人出版了专著《人体生理信号的情感计算方法》[23]。生理信号在信号表征的过程中具有一定的个体差异性,目前的研究还基本处在实验室阶段,主要通过刺激材料诱发被试者的相应情绪状态,而不同个体对于同一刺激材料的反应也会存在一定的差异。因此,如何解决不同个体之间的差异性仍然是生理信号情感识别方面一个亟待解决的难点。

1.3　情感建模

　　情感建模是情感计算的重要过程,是情感识别、情感表达和人机情感交互的关键。2003 年,Picard 和 Hudlicka 就情感计算具有挑战性的六大问题进行了论述,其中有关情感建模的问题就是争论的一个焦点。情感建模的意义在于通过建立情感状态的数学模型,能够更直观地描述和理解情感的内涵。情感模型根据其表示方式可以分为离散情感模型、维度情感模型和其他情感模型。它们用不同的方式对情感进行描述,本书采用离散情感模型。

1.3.1　离散情感模型

　　离散情感模型是把情感状态描述为离散的形式,如喜、怒、哀、乐等,早期的研究大多数采用离散情感模型描述情感状态。对于基本离散情感类别的定义,较为著名的是美国心理学家 Ekman 提出的六大基本情感类别:愤怒、厌恶、恐惧、高兴、悲伤、惊讶,其在情感计算研究领域得到了广泛应用。Plutchik 从强度、相似性和两极性三方面进行情感划分,得出 8 种基本情感类别:狂喜、警惕、悲痛、惊奇、狂怒、恐惧、接受、憎恨。Izard 用因素分析方法提出人总共具有 8～11 种基本情感:兴趣、惊奇、痛苦、厌恶、愉快、愤怒、恐惧和悲伤,以及害羞、轻蔑和自罪感。1990年,Ortony 和 Turner 针对研究者提出的不同基本情感进行了总结,如表 1-1 所示。

表 1-1　多种离散情感模型

研究者	基本情感
Ekman 等人	愤怒、厌恶、恐惧、高兴、悲伤、惊讶
Arnold	生气、厌恶、勇敢、沮丧、渴望、绝望、恐惧、讨厌、希望、悲伤、有爱
Frijda	渴望、开心、好奇、惊讶、惊奇、悲伤
Gray	愤怒、欢乐、焦虑、恐怖
Izard	兴趣、惊奇、痛苦、厌恶、愉快、愤怒、恐惧和悲伤
James	恐惧、悲痛、有爱、愤怒
McDougall	生气、厌恶、得意、恐惧、服从、温柔、惊奇

研究者	基本情感
Mowrer	痛苦、愉快
Oatley 等	生气、焦虑、厌恶、高兴、悲伤
Panksepp	期待、恐惧、痛苦、愤怒
Plutchik	狂喜、警惕、悲痛、惊奇、狂怒、恐惧、接受、憎恨
Tomkins	生气、厌恶、恐惧、好奇、欢乐、羞愧、惊讶、蔑视、悲痛
Watson	生气、有爱、愤怒
Weiner 等	高兴、悲伤

离散情感模型较为简洁明了,并且方便理解,但只能描述有限种类的情感状态。而维度情感模型弥补了离散情感模型的缺点,能够直观地反映情感状态的变化过程,因此受到广大学者的广泛关注。

1.3.2　维度情感模型

维度空间论认为人类的所有情感分布在由若干个维度组成的某一空间中,不同的情感根据不同维度的属性分布在空间中不同的位置[24]。不同情感状态彼此之间的相似和相异程度可以根据它们在空间中的距离来显示。在维度情感中,不同情感之间不是独立的,而是连续的,可以实现逐渐、平稳地转变。

1. 一维情感模型

美国心理学家 Johnston 认为情感可以用一根实数轴来量化,其正半轴表示快乐,负半轴表示不快乐,通过该轴的位置可以判断情感的快乐和不快乐程度,如图1-4 所示。他认为人类的情感除了其独特分类不同外,都沿着情感的快乐维度来排列,如恐惧、悲伤、愤怒和高兴等。当人受到消极情感的刺激时,情感会向负轴方向移动,当刺激终止时,消极情感减弱并向原点靠近。当受到积极情感的刺激时,情感状态向正半轴移动,并随着刺激的减弱逐渐向原点靠近。由于情感的快乐维度是个体情感共有的属性,许多不同的情感会彼此相互制约,这可以为个体情感的自我调节提供依据。但是,多数心理学家认为情感是由多个因素决定的,也因此产生了后来的多维情感空间。

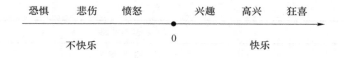

图 1-4　一维情感模型

2. 二维情感模型

一些心理学家认为情感应该具有极性和强度的区别,并依此提出了二维情感模型。情感的极性是指情感具有正情感和负情感之分,强度是指情感具有强烈程度和微弱程度的区别,这种情感的描述方式正好符合人们对客观世界的基本看法。1969 年,Wessman 和 Ricks 通过对大学生的研究发现,人在体验正情感的同时也有较强的负情感,具有强烈负情感的同时也伴随着正情感。因此,他们将情感理解为具有两个维度,即极性维度和强度维度。1982 年,Zevon 和 Tellege 采用因子分析法证明了情感具有两个维度的结论。

目前使用最多的是 VA(Valence-Arousal)二维情感模型,该模型是由 Russell 等人利用分子分析法提出来的[25]。这个模型将情感划分为两个维度:价效(Valence)维度和唤醒(Arousal)维度,如图 1-5 所示。价效维度的负半轴表示消极的情感,正半轴表示积极的情感。唤醒维度的负半轴表示平缓的情感,正半轴表示强烈的情感。例如,在这个二维情感模型中,高兴位于第一象限,惊恐位于第二象限,厌烦位于第三象限,轻松位于第四象限。每个人的情感状态可以根据在价效维度和唤醒维度上的取值组合得到表征。

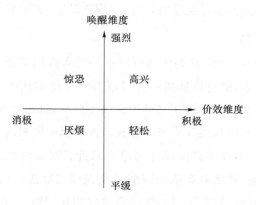

图 1-5　VA 二维情感模型

3. 三维情感模型

三维情感模型指除了考虑情感的极性和强度外,还将其他的因素考虑到情感描述中。PAD(Pleasure-Arousal-Dominance)三维情感模型是 Mehrabian 在 Russell 二维情感模型的基础上于 1974 年提出的维度观测量模型,是当今认可度较高的一种三维情感模型[26],如图 1-6 所示。该模型定义情感具有愉悦维度、唤醒维度和优势维度 3 个维度,其中 P 代表愉悦维度,表示个体情感状态的正负特性;A 代表唤醒维度,表示个体的神经生理激活水平;D 代表优势维度,表示个体对情景和他人的控制状态。PAD 情感模型具有简洁性和完善性,通过自评模型 SAM(Self Assessment Manikin)可以快速地测定人的情感。

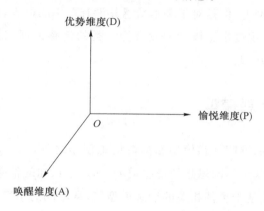

图 1-6　PAD 三维情感模型

另外,有许多学者从三维度角度对情感状态进行描述,Liu 等人提出的 APA(Affinity-Pleasure-Arousal)三维情感空间模型采用亲和力(Affinity)、愉悦度(Pleasure)和活力(Arousal)3 种情感属性,能够描述绝大多数情感状态。Wundt 的情感三维理论认为,情感由 3 个维度组成,它们是愉快-不愉快、激动-平静、紧张-松弛,各种具体情感分布在 3 个维度的两极之间的不同位置上。Schlosberg 认为情感的维度有愉快-不愉快、注意-拒绝和激活水平 3 个维度。

4. 其他多维情感模型

有些心理学家认为情感由更加复杂的因素组成,由此便产生了更高维数的维度情感模型。Izard 的四维理论认为情感有愉悦度、紧张度、激动度和确信度 4 个维度[27]。他认为愉悦度代表情感体验的主观享乐程度,紧张度和激动度代表了人体神经活动的生理水平,而确信度代表个体感受情感的程度。Krech 认为情感的强度是指情感具有由弱到强的变化范围,同时还以紧张程度、复杂度、快乐度 3 个指标来对情感进行量化。紧张程度是指对要发生的事情的事先冲动,复杂度是对复杂情感的量化,快乐度是表示情感所处的愉快和不愉快的程度。Krech 根据这 4 个维度,从强度、紧张程度、复杂度和快乐度来判断人所处的情感。另外,Frijda 提出了情感具有愉快、激活、兴趣、社会评价、惊奇、复杂共 6 个维度的观点[28]。高维情感空间的应用存在较大难度,因此,高维情感空间在实际应用中很少使用。

维度情感模型立足于人类情感体验的欧氏距离空间描述,其主要思想是人类的所有情感都涵盖于情感模型中,且情感模型不同维度上的不同取值组合可以表示一种特定的情感状态。虽然维度情感模型是连续体,基本情感可以通过一定的方法映射到情感模型上,但是对于基本情感并没有严格的边界,即基本情感之间可以逐渐、平稳转化。维度情感模型的发展为人类的情感识别和机器人的情感合成与调节提供了模型基础。

1.3.3　其他情感模型

除了比较常用的维度情感模型和离散情感模型之外,一些心理学家和情感研究者还提出了其他基于不同思想的情感模型,如基于认知的情感模型、基于情感能量的概率情感模型、基于事件相关的情感模型等,从不同的角度分析和描述人类的情感,使情感的数学描述更加丰富。

1. OCC 情感模型

Ortony 等人在《情感认知结构》中提出了 OCC(Ortony-Clore-Collins)模型[29]。该模型是针对情感研究而提出的最完整的情感模型之一,它将 22 种基本情感根据其起因分为三类:事件的结果、仿生代理的动作和对于对象的观感,并对这三类情感定义了情感的层次关系,如图 1-7 所示。OCC 模型给出了各类情感产生的认知评价方式,根据图中的基本情感关系,可知特定情感的产生条件和后续的发展。同时,该模型根据假设的正负极性和个体对刺激事件反应是否高兴、满意和喜欢的评价倾向构成情感反应。

在 OCC 情感模型中,最常产生的是恐惧、愤怒、高兴和悲伤这 4 种情绪。尽管 OCC 情感模型的传递函数并不是很明确,但是从广义上看,其具有较强的可推理性,易于用计算机实现。因此,被广泛用于人机交互系统中。

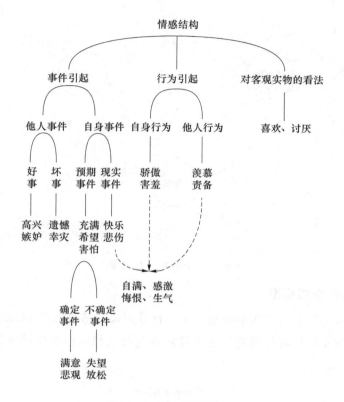

图 1-7　OCC情感模型

2. 隐马尔可夫模型情感模型

隐马尔可夫模型(Hidden Markov Model，HMM)的理论基础是 1970 年前后由 Baum 等人建立起来的,随后由 CMU 的 Baker 和 IBM 的 Jelinek 等人应用到语音识别中。1997 年,Picard 提出了 HMM 情感模型[30],如图 1-8 所示。

Picard 认为人的情感不可以被直接观察,但某一情感状态的特征能够被观测到,如情绪响应上升时间、峰值间隔的频率变化范围等。因此,情感状态可以通过这些观测到的情感特征得到,也可以使用整个 HMM 来描述和识别更大规模的情感状态。HMM 情感模型适合表现由不同情感组成的混合情感,例如,忧伤可以由爱和悲伤组成。另外,该模型还适合表现由若干单一的情感状态基于时间的不断交替出现而成的混合情感,如爱恨交织的情感状态就可能是爱恨两种之间循环,也可能会经常在中性状态上停顿。在 HMM 中,通过转移概率描述情感状态之间的相互转移,从而输出一种最可能的情感状态。基于 HMM 的情感建模的不足之处在于,对于相同的刺激,其感知结果(状态)是确定的。

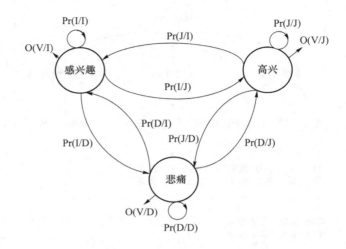

图 1-8　HMM 情感模型

3. 分布式情感模型

Kesteren 等人针对外界刺激建立了一种分布式情感模型[31],如图 1-9 所示,整个分布式系统是将特定的外界情感事件转换成与之相对应的情感状态,过程分为以下两个阶段。

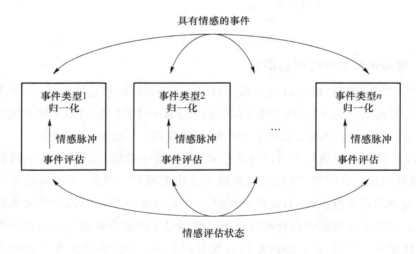

图 1-9　Kesteren 分布式情感模型

（1）第一阶段

由事件评估器评价事件的情感意义,针对每一类相关事件,分别定义一个事件评估器,当事件发生时,先确定事件的类型和信息,然后选择相关事件评估器进行情感评估,并产生量化结果情感脉冲向量(Emotion Impulse Vector,EIV)。

（2）第二阶段

对 EIV 归一化得到 NEIVC(Normalization Emotion Impulse Vector),通过情感状态估计器[32](Emotional States Calculator,ESC)计算出新的情感状态。事件评估器、EIV、NEIV 及 ESC 均采用神经网络实现。

本章参考文献

[1]　TURING A. On Computable Number, with an Application to the Entscheidungsproblem [J]. Alan Turing His Work & Impact, 1936,2(42): 230-265.

[2]　TURING A M. Computing machinery and intelligence [M]. German: Springer, Dordrecht, 2007.

[3]　WIENER N. Cybernetics [J]. Scientific American, 1948,179(5):14-19.

[4]　LINDSAY R K,BUCHANAN B G,FEIDENBAUM E A,et al. DENDRAL: a case study of the first expert system for scientific hypothesis formation [J]. Artificial intelligence, 1993,61(2):209-261.

[5]　ZHOU Z R,MA Z G,JIANG Y Y,et al. Fault Diagnosis Using Bond Graphs in an Expert System [J]. Energies, 2022, 15(15): 5703.

[6]　TROFIMOV B V. Automated Expert Systems in Blast-Furnace Process Control [J]. Metallurgist, 2020(64).

[7]　ZADEH L A. Fuzzy sets [J]. Information and control, 1965,8(3):338-353.

[8]　ZADEH L A. Probability measures of fuzzy events [J]. Journal of mathematical analysis and applications, 1968,23(2):421-427.

[9]　ZADEH L A. The concept of a linguistic variable and its application to approximate reasoning—I [J]. Information sciences, 1975,8(3):199-249.

[10]　MCCULLOCH W S,PITTS W. A logical calculus of the ideas immanent in nervous activity [J]. The bulletin of mathematical biophysics, 1943,5:115-133.

[11]　MINSKY M. The emotion machine[P]. Creativity & cognition,1999.

[12]　WANG Y，SONG W，TAO W，et al. A Systematic Review on Affective Computing：Emotion Models，Databases，and Recent Advances ［J］. Information Fusion，2022,83-84：19-52.

[13]　CHEN L F，SU W J，FENG Y，et al. Two-layer fuzzy multiple random forest for speech emotion recognition in human-robot interaction ［J］. Information Science，2020,509：150-163.

[14]　MA H W，YAROSH S. A Review of Affective Computing Research Based on Function-Component-Representation Framework ［J］. IEEE Transactions on Affective Computing，2021,14(2):1655-1674.

[15]　LIU Z T，XIE Q，WU M，et al. Speech Emotion Recognition Based on An Improved Brain Emotion Learning Model ［J］. Neurocomputing，2018, 309：145-156.

[16]　蔡连红,吴宗济,蔡锐,等.汉语韵律特征的可计算性研究[C]// 第五届全国现代语音学学术会议论文集.北京:清华大学出版社,2001:87-91.

[17]　EKMAN P，ROSENBERG E L. What the Face Reveals[M]. USA：Oxford University Press,1998.

[18]　HUSSAIN A，CAMBRIA E. Information fusion for affective computing and sentiment analysis ［J］. Information Fusion，2021,71;97-98.

[19]　ROSALIND，WPICARD. Affective Computing[M]. Cambridge：The MIT Press,1997.

[20]　WAGNER J，KIM J，ANDRE E. From Physiological Signals to Emotions：Implementing and Comparing Selected Methods for Feature Extraction and Classification［C］. IEEE International Conference on Multimedia and Expo, 2005，Amsterdam，Netherlands.

[21]　HYUNBUM K，JALEL O B，LYNDA M，et al. Research Challenges and Security Threats to AI-Driven 5G Virtual Emotion Applications Using Autonomous Vehicles，Drones，and Smart Devices ［J］. IEEE NETWORK，2020，34：288-294.

[22]　毛峡.情感信息处理[J].遥测遥控,2000，6：58-62.

[23]　刘先远,温万惠,等.人体生理信号的情感计算方法[M]. 北京:科学出版社,2014.

［24］ 吕慧芬.情感维度下的深度情感关联模型［D］.山西：太原理工大学,2020.

［25］ Joachim J S, Valerie L A, Listia R, LISTIA R, et al. Valence, arousal and projective mapping of facial and non-facial emoji investigated using an incomplete block design approach［J］. Food Quality and Preference，2023（105）.

［26］ YANG K, KIM M H, ZIMMERMAN J. Emotional branding on fashion brand websites：harnessing the Pleasure-Arousal-Dominance（P-A-D）model［J］.Journal of Fashion Marketing and Management，2020,24(4)：555-570.

［27］ 徐光国,张庆林.伊扎德情绪激活四系统理论［J］.心理科学,1994,05：316-319.

［28］ FRIJDA N H. The Laws of Emotion［M］.Beijing：Taylor and Francis,2017.

［29］ ORTONY A, CLORE G, COLLINS A. The Coynitive Siructure of Emotion［M］. Cambridge：Cambridge University Press，1988.

［30］ PICARD R W. Affective Computing［M］. London：MIT Press, 1997.

［31］ VAN KESTEREN A, OPDEN AKKER R, POEL M, et al. Simulation of emotions of agents in virtual environments using neural networks［J］. IEEE Transactions on Magnetics，2000, 18：137-147.

［32］ ROBERTO C,CHRISTIAN T,FRANCESCO L D S,et al. Affective state estimation based on Russell's model and physiological measurements ［J/OL］. https：//doi. org/. 10. 1038/s41598-023-36915-6，2023-06-16.

第 2 章
基于面部图像特征级融合的表情识别

2.1 引　言

在面部表情图像信息采集的过程中光照、遮挡与自遮挡、复杂背景和采集设备质量低等因素会使得图像质量较低[1]。正常面部为非刚性柔体，不同地区的人呈现的面貌特征不同，随着年龄的增长，种族、文化、性别等各种因素的影响，面部结构也会稍有差别[2]，这对特征提取与选择提出了较高的要求。因此，如何可靠地提取高效的面部表情特征是基于表情的情感识别中最为关键的步骤之一。目前，面向表情图像多特征提取的研究主要针对传统特征[3]和深度特征[4]分别开展，这种特征能一定程度上反映表情特征的使用性能，但是没有全面考虑表情图像数据的特点，特征有单一形式的局限性。因此，结合图像特征特性和特征级融合，开展表情图像特征提取方法的研究，对于提高模型识别率具有重要意义。

本章针对面部表情图像的特征提取问题进行研究。提取面部关键点构成几何特征，引入自主学习原理并利用卷积神经网络提取深度特征，在此基础上引入特征级融合，线性串联两种特征构成面部表情图像特征。

2.2 相 关 工 作

传统的人脸表情识别方法主要采用人工设计的特征描述符提取特征，其目前主要分为灰度特征、运动特征和频率特征三种。虽然目前更多的研究偏向采用深度学习的方式,但是人工描述符依然在可解释性和模型训练速度等方面有着自己的优势,国内许多学者和研究机构也提出并将传统算法和深度学习算法结合在一起。

Karnati M 等人[5]提出了一种用于面部表情识别的基于纹理的特征级集成并行网络 FLEPNet,通过对面部表情图像使用纹理分析来识别多个属性,来保护深度网络免受训练数据不足的影响。FLEPNet 提取了 4 个纹理特征,并将其与图像的原始特征相结合。所提出的技术在日本女性面部表情、Extended CohnKanade、Karolinska Directed Emotional Faces、真实世界情感面部数据库和面部表情识别2013 数据库上的平均准确率分别为 0.991 4、0.989 4、0.979 6、0.875 6 和 0.807 2。Sun Z 等人[6]考虑到大多数基于深度学习的方法严重依赖于巨大的标签,提取有限标签的训练样本的判别特征对面部表情识别来说仍然是一个具有挑战性的问题,提出了一种基于改进的条件生成对抗性网络的判别式深度融合方法来学习面部表情的抽象表示。首先,使用具有动作单元的面部图像来训练对抗性网络以生成更多标记的表情样本。随后,利用基于全局模块学习的全局特征和基于区域模块学习的局部特征来获得融合的特征表示。最后,设计了判别损失函数,它扩展了类间变化,同时最小化了类内距离,以增强融合特征的判别能力。在 JAFFE、CK＋、Oulu CASIA 和 KDEF 数据集上的实验结果表明,所提出的方法优于一些最先进的方法。Hussein Haval I 等人[7]则是将方向梯度直方图描述符和 Cuttlefish 算法融合,有效地选择了最优的特征子集,解决了初始特征中存在的噪声冗余使算法识别分类性能变差的问题。Pavan 等人[8]将混合滤波方法与卷积神经网络相结合,创建了一个包含低分辨率图像的人脸表情识别数据集,通过实验证明了在面对模糊图像时,其所使用的方法准确率更高。

2.3 面部表情图像的几何特征

面部表情由面部肌肉运动产生,引起面部发生形变,这种暂时性的形变称为暂态特征,而处于中性表情状态下面部的几何结构和纹理称为永久特征[9]。面部表情识别就是将暂态特征从永久特征中提取出来,然后进行分类的过程。

面部关键点能表现出面部的大致几何形态,可以分为两种,一种是能够描述五官部位的面部特征点,另一种就是排除描述五官的点后剩余的非特征点。面部特征点能够体现面部的主要形态,每个特征点都有其特殊的含义,并且比较稳定,不会因为模型的不同而改变其相对位置[10]。标定特征点可协助确定划分区域,分区的前提就是要将数据进行简化处理,而在简化过程中需要借鉴特征点来保持面部特征,在减少数据点后,计算的精度与速度会有所提高。针对面部几何形态的描述方式问题,MPEG-4 小组从面部的大小、形状、成分等角度定义了一套完整的参数[11]。在这套对于面部描述的参数当中,一部分关于面部定义的参数是根据特征点列出的。专家组定义面部特征点的分布位置如图 2-1 所示,这些点的分布能够大致描绘出面部的几何轮廓,展现面部特征[12]。

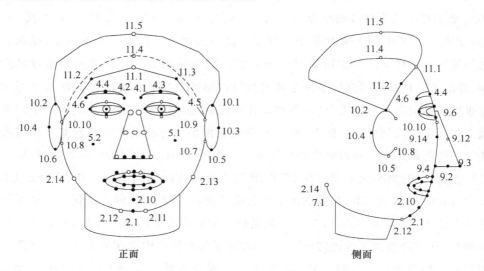

图 2-1　MPEG-4 定义面部特征点

　　常规基于静态图像的表情识别针对整幅面部区域,面部由额头、眉毛、眼睛、鼻子、嘴、脸颊及下巴等部分构成,这些器官的大小、位置、形状和方向影响着面部表情的产生。面部区域不仅包含表情识别需要的重要信息,如眼睛、眉毛以及嘴部等区域,这些区域对于表情识别的作用是正面的,同时还有很多无关信息,比如脸颊的部分区域、前额以及下巴区域,这些部分对于表情识别是冗余甚至负面的。根据Beat Fasel 和 Juergen Luettin[13]等人在面部表情与心理学方面的研究结果,人的面部表情与眼睛、眉毛、嘴部及周边部位关系最为密切。

　　综上所述,在保证分类模型识别效率的前提下,为了降低训练和测试时计算复杂程度,从每个眉毛选取 8 个特征点,每个眼睛选取 8 个特征点,鼻子选取 10 个特征点,嘴部选取 17 个特征点,共计选取 59 个与面部表情关系密切的特征点,如

图 2-2 所示。

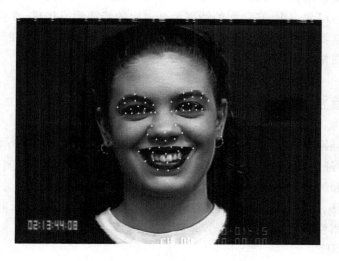

图 2-2　面部 59 个关键点位置示意图

　　构建面部图像的空间坐标系,每张表情图像最左上角像素置于坐标系原点位置,如图 2-3 所示。每个特征点 P_i 的二维坐标为(x_i, y_i),$1 \leqslant i \leqslant 59$,59 个特征点的二维坐标组合起来得到 118 维几何特征向量 f_1 如下所示：

$$f_1 = (x_1, y_1, x_2, y_2, \cdots, x_{59}, y_{59})$$

$(0, 0)$ ——————————————→ X/px

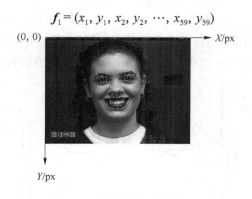

Y/px

图 2-3　面部图像的空间坐标系示意图

2.4　面部表情图像的深度特征

　　计算机受到人类视觉神经系统的启发,由像素级别出发提取边缘特征,再由边缘特征的组合得到形状特征,最后根据形状特征抽象出整个目标的模型。这个抽象出来的视觉模型称为神经网络,是一种基于深度学习的模型。深度学习的分层结构使得每一层学习中,高层次的特征由低层次的特征学习构成,在多层次的抽象过程中自动学习特征[14,15]。因此,将深度学习引入特征提取,可以使计算机深度理解面部表情图像表达的意义。

2.4.1 卷积神经网络

卷积神经网络(Convolutional Neural Networks,CNNs)是一个多层的神经网络,也是一种最经典、最常见的深度学习框架。与传统神经网络不同,卷积神经网络由卷积层和池化层交替组成,采用独特的局部连接与权值共享的方式,使得模型对特征的平移、比例缩放、倾斜和其他形式的变形具有高度不变性,并降低参数数量。下面介绍卷积神经网络中几个重要的概念。

(1)卷积层

卷积层的作用是实现特征提取,它是由一些卷积核对上一级输入层逐一滑动窗口进行卷积操作,并加上偏置得到当前层的特征图[16],如图 2-4 所示。该过程可以用式(2-1)表示:

$$x_j^l = \sum_{i \in M_j} y_i^{l-1} \otimes k_{ij}^l + b_j^l \tag{2-1}$$

其中,x_j^l 为第 l 层第 j 个特征图的输入;y_i^{l-1} 为第 $l-1$ 层第 i 个特征图的输出;k_{ij}^l 为前一层第 i 个特征图与当前层第 j 个特征图之间的卷积核;b_j^l 为第 l 层第 j 个特征图的偏置;$i \in M_j$ 为前一层中与当前层第 j 个特征图有连接的所有特征图。

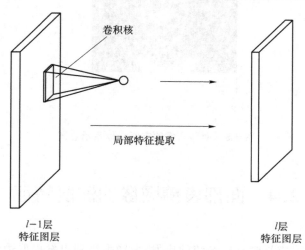

卷积核

局部特征提取

$l-1$层
特征图层

l层
特征图层

图 2-4 卷积层示意图

在输入多维图像时,图像可以直接作为网络输入,避免传统方法中复杂的特征提取和数据重建过程。此外,不同的卷积核会将图像生成为不同的特征图,添加多个卷积核,可以学习多种特征。

（2）池化层

提取卷积特征之后,直接进行分类会出现计算量大的问题和过拟合风险,同时卷积操作得到的是局部细节信息,缺少全局图像的整体信息。因此,在卷积得到的特征图上进行类似于模糊滤波处理的聚合统计,可以获取全局稳定特征[17]。池化层一般配合卷积层使用,通过对输入特征图进一步抽象和降维,获取局部区域图像块内的代表性特征,同时保持某种不变性,包括平移、旋转以及尺度。进一步抽象主要是通过取图像块的均值或最大值实现,降维是通过无重叠的降采样实现,这种操作方法被称作池化,过程如图 2-5 所示。

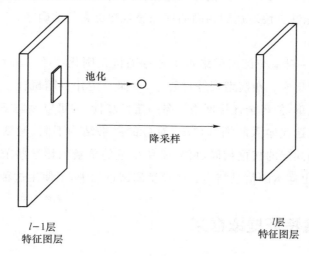

$l-1$层
特征图层

l层
特征图层

图 2-5 池化层示意图

池化公式如式（2-2）所示:

$$x_j^{l+1} = f(\beta_j^{l+1} \text{pooling}(x_j^l) + b_j^{l+1}) \tag{2-2}$$

其中,$\text{pooling}(x_j^l)$ 为对第 l 层第 j 个特征层进行池化,x_j^{l+1} 为第 $l+1$ 层第 j 个输出特征,β_j^{l+1} 和 b_j^{l+1} 为第 j 个输出特征图使用的乘性偏置与加性偏置,$f(*)$ 为激活函数。

根据池化方法可以分为平均池化和最大池化,平均池化类似于均值滤波器的作用,起到平滑的效果,可以有效避免噪声点影响,但是容易丢失纹理边缘特征。最大池化可以减少卷积操作带来的均值偏差,因而能较好地适应纹理特征。

（3）激活函数

无论是卷积层的卷积操作，还是池化层的降采样，都是通过线性的方式对图像或图像特征图进行处理。但是待分类样本并不一定都是线性可分的，这时就需要引入激活函数，即引入非线性因素，建立适用于非线性分类的模型[18]。通过激活函数保留神经网络中神经元节点的有效信息，去除冗余信息，这是卷积神经网络能够为非线性分类问题提取强大、有效的特征表达的关键。

激活函数可以放在卷积层或池化层的后面，常见的激活函数有 ReLU（Rectified Linear Units）、Sigmoid 以及 Tanh 等。其中，ReLU 是不饱和的非线性函数，公式如式（2-3）所示：

$$ReLU = \max(0, x) \tag{2-3}$$

与其他激活函数相比，ReLU 函数可以克服梯度消失的问题，对于深度卷积神经网络而言，ReLU 能够更快地达到相同的训练误差和更高的准确率。

（4）Dropout

Dropout 是一种避免深度网络过拟合的随机正则化策略，同时也可以看作是一种隐式的模型集成。在模型训练过程中，按照一定比例随机让某些隐藏层节点不工作但保留权重，使得全连接网络具备一定稀疏性，并可以预防下次迭代时该节点被激活。每次迭代输入的训练样本，对应的网络结构不同（激活的节点不同）。所有网络结构相同层的权重相同，可以避免权重的更新依赖某些节点之间的共同作用，能更映射出样本的信息结构。在模型测试过程中，不使用这种方法[19]。

2.4.2 深度特征提取框架

深度学习已在诸多领域取得突破性进展，尤其是在图像处理和语音识别方面。但是，由于深度学习模型固有的结构与算法，在诸多实际应用中，存在训练时间过长，对硬件要求较高等问题。因此，需要设计合适的深度学习模型应用到表情识别当中，使系统能快速、准确地进行表情识别。此外，研究表明当训练数据不足时，深度卷积神经网络会产生过拟合现象。为了解决过拟合问题，针对深度学习得到的特征，需要设计快速而准确的框架。

本章设计一个基于卷积神经网络的表情图像深度特征提取框架，它包含 8 个卷积层，4 个下采样层与 1 个 Dropout 层，结构如图 2-6 所示，具体参数如表 2-1 所示。每个卷积层采用 2 个步长为 1 的 3×3 卷积层代替 1 个步长为 1 的 5×5 卷积层,利用小卷积核来提取多尺度的详细局部特征,可以增强表达细微表情的能力;利用连续两个小卷积层而非一般网络结构所采用的单卷积层进行特征映射,可以提高特征的抽象能力和网络的非线性表示能力[20]。每个下采样层采用步长为 1 的 2×2 的最大池化,操作之后输出大小变为原始输入的 $1/4$,可以减少参数的数量,并确保平移、缩放和旋转的不变性。模型训练过程中,Dropout 层概率设置为 0.5,此时随机生成的网络结构最多,可以减少过拟合现象。模型测试过程中,Dropout 层概率设置为 1,即不使用 Dropout,网络结构中所有节点均参与运算,最后将它们的结构乘以 0.5 作为输出值。

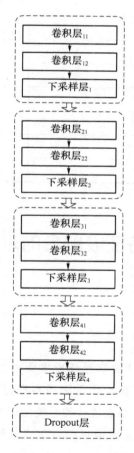

图 2-6 基于卷积神经网络的特征提取框架结构图

表 2-1　深度特征提取模型参数

名字	类型	滤波器数量	滤波器尺寸	是否 ReLU 正则化
卷积层$_{11}$	卷积	2	3×3	是
卷积层$_{12}$	卷积	4	3×3	是
下采样层$_1$	最大池化	—	2×2	否
卷积层$_{21}$	卷积	2	3×3	是
卷积层$_{22}$	卷积	4	3×3	是
下采样层$_2$	最大池化	—	2×2	否
卷积层$_{31}$	卷积	4	3×3	是
卷积层$_{32}$	卷积	8	3×3	是
下采样层$_3$	最大池化	—	2×2	否
卷积层$_{41}$	卷积	4	3×3	是
卷积层$_{42}$	卷积	8	3×3	是
下采样层$_4$	最大池化	—	2×2	否
Dropout 层	Dropout	—	—	—

2.5　基于特征级融合的表情识别模型

2.5.1　特征级融合

在表情识别的过程中,特征提取担任着重要角色,只有提取出优质特征,才能使分类环节更加顺利。图像特征本质是图像本身包含的元素以及携带的信息,选择合适的特征提取方法可以减小表情分类系统的误判率。

特征融合[21],顾名思义就是提取目标对象的多种特征,采用某种规则,将这些特征进行整合用于表征对象,以达到比单一特征表征对象能力更强的目的。单一特征只能展示对象的部分属性信息,为了更加精准地描述目标对象,多特征融合是必然趋势。此外,多特征获取的目标特征信息多于单一特征,有利于提高对象的识别性能[22]。对于面部图像而言,任何单一特征都无法准确表征表情信息。因此,我们采用了表情图像的多特征提取方法。基于特征级融合,我们采取的是串联的方式进行融合,即将几何特征和深度特征首尾相连,形成更长的向量作为面部表情图像的一个描述。

2.5.2　基于支持向量机的多表情分类器

支持向量机(Support Vector Machine,SVM)[23] 是在 20 世纪 90 年代由 Vapnik 等人所建立,它是在统计学习理论基础上发展起来的一种新学习算法,基于 VC 维理论和结构风险最小化原理,根据有限样本信息在模型的复杂性和学习能力之间寻求最佳折中,SVM 在很大程度上克服了传统机器学习中的维数灾难和局部极小等问题,从而获得较好的泛化能力[24,25]。支持向量机分类器结构简单,可分为基本的线性分类模型和核函数两个部分。同时,将基本的线性分类模型与不同的核函数结合,可以得到不同的非线性支持向量机分类器。支持向量机分类函数的求解可以转化为一个凸二次规划问题,有全局最优解。支持向量机分类函数只由少数的支持向量决定,计算的复杂性主要由支持向量的多少决定,而不是样本空间的维数。此外,支持向量机分类器对于小样本分类问题有较好效果,不需要以足够多的样本数量为理论成立条件。正是基于上述原因,这一方法已经广泛应用于模式识别问题中[26,27]。

支持向量机最初是为二值分类问题设计的,当处理多类问题时,需要构造合适的多类分类器。目前,构造支持向量机多类分类器的方法主要有直接法和间接法两类。直接法主要通过直接修改目标函数,将多个分类面的参数求解合并到一个最优化问题中,通过求解该最优化问题“一次性”实现多类分类。这种方法看似简单,但其计算复杂度比较高,实现起来比较困难,只适合用于小型问题。间接法主要通过组合多个二分类器来实现多分类器的构造,常见的方法有一对多法和一对一法两种。一对多方法(One-Versus-the-Rest)[28] 针对 n 类分类问题进行数据训练时,将某个类别的样本归为一类,剩余样本归为另一类,需要构造 n 个支持向量机分类器。一对多方法的优点是仅需训练 n 个支持向量机分类器,得到的分类函数少。其缺点是每个支持向量机分类器的训练都需要放入所有样本,故在进行训练时,建立分类器所需时间会因为样本数量增多而增加。并且,当最终结果取符号函数时,有时会出现一个数据对应多种类别标签或类别无法识别,成为不可分盲点。一对一方法(One-Versus-the-One)针对 n 类分类问题进行数据训练时,需要在任意两类样本之间构造一个支持向量机分类器,故需要构造 $n(n-1)/2$ 个支持向量机分类器。当对某一个未知样本进行分类时,通过将每个支持向量机分类器得分相加,得分最高的类别标签为测试数据的类别标签。此方法与一对多方法相比,训练样本的时间较短,但是分类器的数目 $n(n-1)/2$ 会随着 n 的增大而增多,导致决策速度变慢,并且测试累计各类得分相同,会出现一个样本属于多类的情况。

综上所述,本章选择一对一的方法解决基于支持向量机的表情多分类问题。针对 n 种表情类别,每两种表情设计一个二分类支持向量机分类器,即设计 $n(n-1)/2$ 个子支持向量机分类器,如下所示:

$$SVM_{ij}, \quad 1 \leqslant i < j \leqslant k$$

其中,i, j 为表情类别标签。

训练过程:针对 $n(n-1)/2$ 个子分类器中任意一个子分类器,选择对应表情类别的训练集训练分类器。

子分类器 SVM_{ij}:表情类别 i 为正类,表情类别 j 为负类,用表情类别为 i 和 j 的训练集进行分类器的训练。

测试过程:对于任意一个表情样本,分别用 $n(n-1)/2$ 个子分类器进行测试,然后用投票方式进行决策,分析可能的识别结果。

结果 1:表情类别标签 k 获得最高票数,识别成功,结果为 k 类表情。

结果 2:表情类别标签 k 和 l 同时获得最高票数,利用基于表情类别 k、l 的子分类器 SVM_{kl} 做 2 次表情识别。

结果 3:至少 3 类表情类别标签同时获得最高票数,重复多次结果 2 的操作步骤,再次表情识别及投票。

2.5.3　表情识别模型

将表情图像特征和支持向量机分类算法结合,形成如图 2-7 所示的表情识别模型。该模型的前端是特征提取层,提取面部关键点坐标得到几何特征,利用卷积神经网络得到深度特征,并线性串联融合得到表情特征;模型的后端是分类算法层,将前端的输出作为支持向量机分类器的输入,最后实现数据的分类处理。

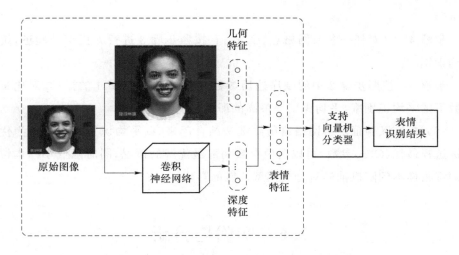

图 2-7　基于多特征的表情识别模型结构图

2.5.4　表情识别模型的训练与测试

本章选用高斯核建立基于支持向量机的表情识别模型,模型参数会影响性能,优选惩罚参数 C 和高斯核半径参数 σ,使得支持向量机的模型的分类性能更优,本章利用网格遍历和 k 折交叉验证的思想选择参数 (C,σ)。k 折交叉验证是将训练样本随机分成 k 份,取其中的 $k-1$ 份作为训练集训练模型,余下的 1 份作为测试集测试模型。按序将 k 份中的 1 份留下作为测试集,共需训练和测试 k 次,取 k 次测试结果的平均值作为评价指标。遍历选择参数的方法又称为网格筛选法,能够避免局部最优解的影响,保证求得的参数是全局最优。并且,可并行性高,保证每个参数相互独立。一般情况而言,网格采用等距离划分。基于支持向量机的模型参数 C、σ 取值范围广,若网格步距较小,搜索全局最优值时计算量较大。

综上所述,按照以下步骤进行表情识别模型参数 (C,σ) 的优化。

步骤 1　选取高斯核参数 $g=1/2\sigma^2$ 替代参数 σ,构成表情识别模型优化目标参数 (C,g)。

步骤 2　建立遍历网格坐标,设置参数 (C,g) 的上、下限分别为 $a=[-5,15]$ 与 $b=[3,-15]$,模型参数的网格点为 $(C,g)=(2^a,2^b)$,设置遍历步长为 2,则参数步长分别为 2^1 与 2^{-1}。

步骤 3　k 取 4、5、6、10、15、20,将训练集数据随机划分为 k 个子集,分别做 6

次试验。

步骤 4 针对任一参数网格点(C,g)值,按照步骤 3 进行 k 折交叉验证,统计平均识别率。

步骤 5 按照步骤 2 中的顺序遍历参数(C,g),重复步骤 4 的操作,对比每组参数下的平均识别率,平均识别率最高的即为最优参数。

将 k 折交叉验证法与网格遍历筛选法结合起来,以平均识别率最高作为优化目标选择最优(C,g)参数,可以避免参数局部最优解的情况,同时降低小样本情况下训练集样本的随机抽样对分类模型性能的影响。

2.6 实验与分析

2.6.1 实验平台

本章实验硬件设备主要是台式计算机,具体硬件配置为:Inter(R) Core(TM) i7-6700 CPU,主频 3.4 GHz,内存 4 GB,64 位 Windows 7 旗舰版操作系统,主要负责运行各种实验工具软件,进行数据处理和结果输出。深度特征提取使用 Keras 库,支持向量机分类器的训练和测试使用 LIBSVM 软件包,开发环境为 Python。

LIBSVM 是台湾大学林智仁教授等人设计开发用于支持向量机分类和回归的通用软件包[29],操作简单,初学者易于上手;可以解决分类问题(C-SVC、n-SVC)、回归问题(e-SVR、n-SVR)以及分布估计问题(one-class-SVM)。LIBSVM 提供 4 种常用的核函数(线性核函数、多项式核函数、高斯核函数以及 Sigmoid 核函数),并提供 C++、Java、MATLAB、Python、LabVIEW、Ruby 以及 C♯.net 等各种常用编程语言接口,在 Windows 平台和 Unix 平台均能使用。此外,LIBSVM 还提供 grid.py(在 Python 环境中使用)工具进行参数优选,提供可视化操作工具 SVM-TOY。LIBSVM 使用的算法结合了 SVM-Light 算法思想和序列最小优化算法思想,大幅度提高了支持向量机训练和测试的运算速度。

Keras 是 François Chollet 开发的一个可以用来构建深度学习模型的应用程序编程接口,由纯 Python 编写而成并以 Tensorflow、Theano 以及 CNTK 为后端[30]。因为 Keras 运行在 TensorFlow 或 Theano 之上,只需要将高层次的构造模块拼接在一起,故相比于使用其他更低层次的框架,使用 Keras 没有性能上的成本。Keras 的模块性使得模型可理解为一个层的序列或数据的运算图,完全可配置的模块可以用最少的代价自由组合在一起。具体而言,网络层、损失函数、优化器、初始化策略、激活函数、正则化方法都是独立的模块,可以自行组合使用它们来构建自己的模型。若需添加新模块,只需要仿照现有的模块编写新的类或函数即可,创建新模块的便利性使得 Keras 更适合于先进的研究工作。此外,Keras 支持卷积神经网络。

2.6.2 实验数据

Extended Cohn-Kanade(CK+)[31]人脸表情数据库由卡内基梅隆大学和匹兹堡大学采集,并在 2010 年发布,由 2000 年发布的 Cohn-Kanade 数据库扩展而来。该数据库是人脸表情识别中比较流行的一个数据库,广泛用于非商业的学术研究,很多文章都用到这个数据做测试,验证自己的算法。数据库中包含 123 个采集对象的 593 个表情图像序列,其中 327 张(Peak)图像带有表情标签,表情标签有高兴、愤怒、悲伤、惊讶、厌恶、恐惧和蔑视 7 种,每种情感标签的图像序列数量如表 2-2 所示。表情图像为彩色图像或黑白图像,分辨率为 640×480 或 640×490,格式为 jpg 或 png。数据库采集对象拥有不同的年龄、性别、种族和文化、教育背景,信息覆盖面较广,采集环境较好,表情形变比较明显,生成的表情图像较为标准,如图 2-8 所示。

表 2-2　7 种表情图像实验数据的具体数量

表情标签	原始数据集	数据增强	训练集	测试集
愤怒	45	180	115	65
蔑视	18	144	115	29
厌恶	59	236	115	121
恐惧	25	200	115	85
高兴	69	276	115	161
悲伤	28	224	115	109
惊讶	83	332	115	217
总和	327	1 592	805	787

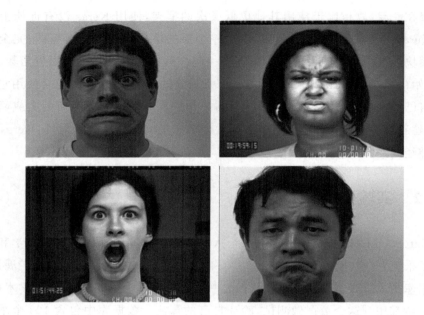

图 2-8 CK＋数据库样本的多样性与标准性

在深度学习中，为了避免出现过拟合，通常需要充足的输入数据量。数据增强可以通过图像的几何变换来增加输入数据的量，并可以使用一种或多种几何变换的组合[32]。同时，通过对训练图片进行几何变换可以得到泛化能力更强的网络，更好地适应应用场景。常用的数据增强变换方法有以下 5 种。

① 旋转/反射变换：随机将图像以某像素为中心旋转一定角度，改变图像内容的朝向。

② 翻转变换：沿着水平或者垂直方向翻转图像。

③ 缩放变换：按照一定的比例放大或者缩小图像。

④ 平移变换：在图像平面上对图像以一定方式进行平移，可以采用随机或人为定义的方式指定平移范围和平移步长，改变图像内容的位置。

⑤ 尺度变换：对图像按照指定的尺度因子进行放大或缩小。

CK＋数据库内可用于实验的图像只有 327 张，带有情感标签"惊讶"的图像数量为 83，带有情感标签"蔑视"的图像数量为 18，数据分布不平衡，且数量不满足卷积神经网络训练数据规模的要求，如表 2-2 所示。因此，采用组合多种几何变换的方式增加可用图像，如图 2-9 所示。首先，将全部图像像素统一为 640×480，并将图像像素压缩至 160×120；然后，从全部图像的左上角、右上角、左下角、右下角裁剪像素为 128×96 的子图像,并将情感标签为"蔑视""恐惧"和"悲伤"的图像沿着水平方向翻转;最后,共得到 1 592 张带有表情标签的实验图像,每种表情标签的图像数量如表 2-2 所示。

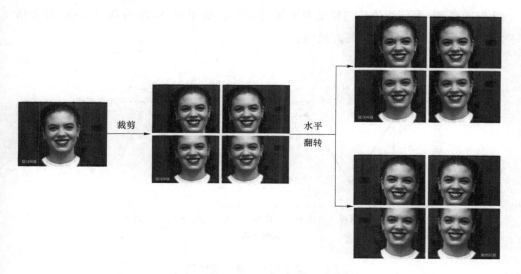

图 2-9　数据增强流程图

分层随机抽样又称类型随机抽样,是随机抽样中的一种抽样方法,它适用于内部差异较大的对象。在抽样前先将总体按一定标准分成各种类型(或层);然后根据各类型单位数与总体单位数的比例,确定从各类型中抽取样本单位的数量;最后,按照随机原则从各类型中抽取样本。利用分层随机抽样的方法,首先,将图像依据情感标签分成 7 种类型。然后,从每种类型的图像中抽取一定比例的图像构成训练集,余下的图像构成测试集。鉴于数据结构的不平衡性,每种表情训练集样本大小设置为最小样本集的 80% 左右,即表情标签为"蔑视"的样本数量 144×80%≈115,则训练集样本数量为 115×7=805,测试集样本数量为 787,每种表情图像集合样本数量如表 2-2 所示。

2.6.3　基于几何特征的表情识别

由 2.2 节内容可知,提取每张面部图像中与表情关系密切的 59 个特征点,得到一个 118 维的几何特征向量 f_1,如下所示:

$$f_1=(x_1,y_1,x_2,y_2,\cdots,x_{59},y_{59})$$

　　针对基于面部图像几何特征的表情识别,构造基于支持向量机的识别模型。以805组面部图像几何特征作为训练样本,787组面部图像几何特征作为测试样本,识别模型对 7 类表情的识别率及平均识别率如图 2-10 和表 2-4 所示。由图 2-10 可知,面部图像几何特征对表情"高兴"识别率最高,即表现力最强;对表情"蔑视"识别率最低,即表现力最弱。

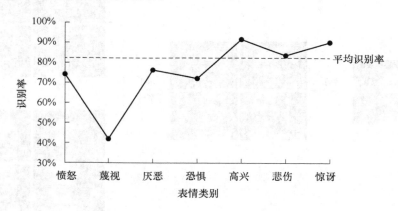

图 2-10　基于几何特征的表情识别率

2.6.4　基于深度特征的表情识别

　　由 2.4 节内容可知,本书设计一个基于卷积神经网络的深度特征提取模型,由 2.6.2 小节内容可知,输入面部图像样本的分辨率为 128×96,经过深度特征提取操作,得到一个 120 维的深度特征向量 f_2,如下所示:

$$f_2 = (z_1, z_2, \cdots, z_{120})$$

其中,每层网络的输入尺寸如表 2-3 最后一列所示。

表 2-3　深层次特征提取模型参数

名字	类型	滤波器数量	滤波器尺寸	输入尺寸
卷积层$_{11}$	卷积	2	3×3	128×96
卷积层$_{12}$	卷积	4	3×3	126×94
下采样层$_1$	最大池化	—	2×2	124×92
卷积层$_{21}$	卷积	2	3×3	62×46
卷积层$_{22}$	卷积	4	3×3	60×44
下采样层$_2$	最大池化	—	2×2	58×42

续 表

名字	类型	滤波器数量	滤波器尺寸	输入尺寸
卷积层$_{31}$	卷积	4	3×3	29×21
卷积层$_{32}$	卷积	8	3×3	27×19
下采样层$_3$	最大池化	—	2×2	25×17
卷积层$_{41}$	卷积	4	3×3	13×9
卷积层$_{42}$	卷积	8	3×3	11×7
下采样层$_4$	最大池化	—	2×2	9×5
Dropout	dropout	—	—	120

针对基于面部图像深度特征的表情识别,构造基于支持向量机的识别模型。以 805 组面部图像深度特征作为训练样本,787 组面部图像深度特征作为测试样本,识别模型对 7 类表情的识别率及平均识别率如图 2-11 和表 2-4 所示。由图 2-11 可知,面部图像深度特征对表情"高兴"识别率最高,即表现力最强;对表情"蔑视"识别率最低,即表现力最弱。

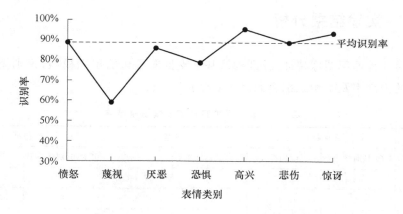

图 2-11 基于深度特征的表情识别率

2.6.5 基于多特征的表情识别

线性串联融合几何特征和深度特征,得到一个 238 维多特征向量 f 如下:
$$f = (f_1, f_2) = (x_1, y_1, x_2, y_2, \cdots, x_{59}, y_{59}, z_1, z_2, \cdots, z_{120})$$

针对基于面部图像多特征的表情识别,构造基于支持向量机的识别模型。以 805 组面部图像多特征作为训练样本,787 组面部图像多特征作为测试样本,识别模型对 7 类表情的识别率及平均识别率如图 2-12 和表 2-4 所示。由图 2-12 可知，面部图像多特征对表情"高兴"识别率最高，即表现力最强；对表情"蔑视"识别率最低，即表现力最弱。

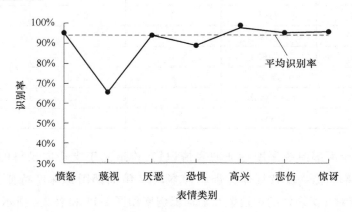

图 2-12　基于多特征的表情识别率

2.6.6　实验结果分析

针对 3 种面部图像特征，分别构造基于支持向量机的识别模型，识别模型对 7 类表情的识别率及平均识别率如表 2-4 所示。

表 2-4　基于三种特征的表情识别结果

表情标签	几何特征		深度特征		多特征	
	正确识别样本数	识别率	正确识别样本数	识别率	正确识别样本数	识别率
愤怒	48	73.85%	57	87.69%	62	95.38%
蔑视	12	41.38%	17	58.62%	19	65.52%
厌恶	93	76.86%	103	85.12%	115	95.04%
恐惧	61	71.76%	67	78.82%	76	89.41%
高兴	147	**91.30%**	153	**95.03%**	159	**98.76%**
悲伤	91	83.49%	96	88.07%	104	95.41%
惊讶	194	89.40%	201	92.63%	208	95.85%
总数	646	—	690	—	743	—
平均识别率	—	82.08%	—	88.18%	—	**94.41%**

由表 2-4 可以发现,样本数最高的表情"惊讶"没有得到最高识别率,得到最高识别率的表情"高兴"样本数不是最高,样本数最低的表情"蔑视"得到最低识别率,即对于模型来说,训练样本数并不是唯一决定识别率的因素。基于三种特征识别率最高的表情都是"高兴",识别率最低的表情都是"蔑视",由此可见表情本身的特征明显程度是识别率的关键,表情"高兴"的特征的高明显性造成高识别率,表情"蔑视"的特征的低明显性造成低识别率。基于多特征的识别率高于基于单一特征的识别率,由此可见,特征融合策略通过发挥两种特征各自的优势,提高模型识别率。此外,分析表情识别错误的图像可以发现,基于多特征识别错误的图像在两种单一特征的表情识别模型中均识别错误。

由表 2-4 可以发现,基于几何特征的识别率均低于基于深度特征的识别率。分析几何特征提取结果发现,有部分面部图像的特征提取结果错误,如图 2-13 所示,低质表情特征造成低识别率。

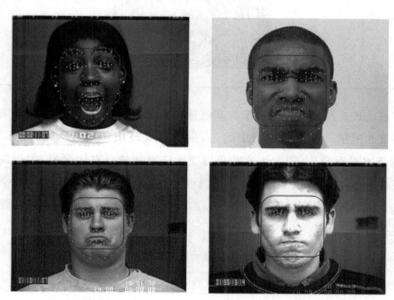

图 2-13　底层次表情特征提取错误的面部图像

分析表情标签为"蔑视"的面部图像可以发现,正确识别的面部表情有明显的单侧嘴角上扬,错误识别的面部表情均是两侧嘴角上扬,被错误识别为"高兴"或"伤心",如表 2-5 所示。

表 2-5　表情标签"蔑视"面部图像识别结果对比

正确识别的面部图像	识别为"高兴"的面部图像	识别为"伤心"的面部图像

我们在 CK＋人脸表情数据库与其他建模方法进行比较,几种方法的对比识别结果如表 2-6 所示。特别需要指出的是,由于实验环境和参数不同,如样本数目、表情类别等因素不同,不同方法的结果可能无法直接进行对比研究,但仍能通过实验结果反映这些方法的识别能力。由实验结果可以发现,本章方法识别率均高于其他方法,分析识别模型结构,模型尺寸较"小",参数较少,使得计算更快速并更好地避免过拟合。

表 2-6　不同建模方法识别结果比较

建模方法	平均识别率
LBP-TOP,CNN ＋ SVM[33]	93％
AUDN ＋ SVM[14]	93.70％
AlexNet ＋ SVM[15]	92.94％
本章方法	**94.41％**

本 章 小 结

本章针对表情识别的特征提取问题进行研究。特征提取作为识别模型的关键步骤,面向面部图像的表情特征提取方法是本章研究的主要内容。首先,凭借面部表情和心理学方面的研究结果与经验,利用图像亮度、色调、位置、纹理和结构等信息,选择与面部表情密切相关的眼睛、眉毛、嘴巴及周边部位的特征点,其坐标构成几何特征。然后,凭借以深度学习为突破点的纯数据驱动的特征学习算法,构建一个多层的卷积神经网络,让机器自主地从样本数据中逐层地学习,得到表征样本更加本质的深度特征。最后,鉴于单一特征的局限性,设计特征提取方法,引入特征级融合,线性串联两种特征构成表情特征,达到信息上的互补,提高模型识别率。

通过本章的研究,提出一种基于卷积神经网络的特征提取方法,可以通过自主学习得到表情图像的深度特征;提出一种基于特征级融合的表情图像特征提取方法,线性串联两种特征构成表情图像特征。本章的研究成果可以为后续提高特征表现能力的研究提供必要的依据。

本章参考文献

[1] LI Y, ZENG J B, SHAN S G. Occlusion Aware Facial Expression Recognition Using CNN With Attention Mechanism [J]. IEEE TRANSACTIONS ON IMAGE PROCESSING,2019,28(5):2439-2450.

[2] DAPOGNY A, BAILLY K, DUBUISSON S. Confidence-Weighted Local Expression Predictions for Occlusion Handling in ExpressionRecognition and Action Unit Detection [J]. INTERNATIONAL JOURNAL OF COMPUTER VISION,2018,126(2-4):255-271.

[3] SAHOO T K, BANKA H. Multi-feature-Based Facial Age Estimation Using an Incomplete Facial Aging Database [J]. ARABIAN JOURNAL FOR SCIENCE AND ENGINEERING,2018,43(12):8057-8078.

[4] CHU W S, TORRE F D L, COHN J F. Learning facial action units with

spatiotemporal cues and multi-label sampling［A］// IEEE International Conference on Automatic Face and Gesture Recognition. New York：IEEE，2019：1-14.

[5] KARNATI M，SEAL A，YAZIDI A，et al. FLEPNet：feature level ensemble parallel network for facial expression recognition［J］. IEEE Transactions on Affective Computing，2022，13(4)：2058-2070.

[6] SUN Z，ZHANG H H，BAI J T，et al. A discriminatively deep fusion approach with improved conditional GAN（im-cGAN）for facial expression recognition［J］. Pattern Recognition，2023，135：109-157.

[7] HUSSEIN H I，DINO H I，MSTAFA R J，et al. Person-independent facial expression recognition based on the fusion of HOG descriptor and cuttlefish algorithm［J］. Multimedia Tools and Applications，2022，81（8）：11563-11586.

[8] KHOR H Q，SEE J，PHAN R C W，et al. Enriched Long-term Recurrent Convolutional Network for Facial Micro-Expression Recognition［C］// 2018 13th IEEE International Conference on Automatic Face & Gesture Recognition，2018：667-674.

[9] EKMAN P. Facial expression and emotion［J］. American Psychologist，1993，48(4)：384-392.

[10] WU Y，JI Q. Facial Landmark Detection：A Literature Survey［J］. INTERNATIONAL JOURNAL OF COMPUTER VISION，2019，127（2）：115-142.

[11] LUO R，ZHAO J Y. Emotion generation for virtual human using Cognitive Map ［A］// Sixth International Conference on Natural Computation. New York：IEEE，2010：1994-1999.

[12] TANG Y S，XU M，CAI Z X. Research on facial expression animation based on 2D mesh morphing driven by pseudo muscle model ［A］// 2010 International Conference on Educational and Information Technology（ICEIT），New York：IEEE，2010：V2-403-V2-407.

[13] FASEL B，LUETTIN J. Automatic Facial Expressions Analysis：A survey［J］. Pattern Recognition，2003，36(1)：259-275.

［14］　LIU M Y，LI S X，SHAN S G，et al． AU-inspired Deep Networks for Facial Expression Feature Learning［J］． Neurocomputing，2015，159：126-136.

［15］　VO D M，SUGIMOTO A，LE T H. Facial Expression Recognition by Re-ranking with Global and Local Generic Features［A］// 23rd International Conference on Pattern Recognition． New York：IEEE，2016：4118-4123.

［16］　FUKUSHIMA K． Neocognitron：A hierarchical neural network capable of visual pattern recognition［J］． Neural networks，1988，1(2)：119-130.

［17］　LECUN Y，BENGIO Y，HINTON G． Deep learning［J］． Nature，2015，521(7553)：436-444.

［18］　叶浪． 基于卷积神经网络的人脸识别研究［D］． 南京：东南大学，2015.

［19］　HINTON G E，SRIVASTAVA N，KRIZHEVSKY A，et al． Improving neural networks by preventing co-adaptation of feature detectors［J］． Computer Science，2012，3(4)：212-223.

［20］　DING C X，TAO D C． Robust Face Recognition via Multimodal Deep Face Representation［J］． IEEE TRANSACTIONS ON MULTIMEDIA，2015，17(11)：2049-2058.

［21］　NIU Y L，LU Z W，WEN J R，et al． Multi-Modal Multi-Scale Deep Learning for Large-Scale Image Annotation［J］． IEEE Transactions on Image Processing，2019，28(4)：1720-1731.

［22］　张仲瑜，焦淑红． 多特征融合的红外舰船目标检测方法［J］． 红外与激光工程，2015，44(z1)：29-34.

［23］　ALPAYDIN E． Introduction to Machine Learning［M］． Cambridge：The MIT Press，2004.

［24］　KUMAR S，SINGH S，KUMAR J． Automatic Live Facial Expression Detection Using Genetic Algorithmwith Haar Wavelet Features and SVM［J］． Wireless Personal Communications，2018，103(3)：2435-2453.

［25］　JAIN D K，ZHANG Z，HUANG K Q． Random walk-based feature learning for micro-expression recognition［J］． Pattern Recognition Letters，2018，115：92-100.

［26］　KIM S K，KANG H B． An analysis of smartphone overuse recognition in terms of emotions using brainwaves and deep learning［J］． NEUROCOMPUTING，

2018，275：1393-1406.

[27] AL-SUMAIDAEE S A M，ABDULLAH M A M，AL-NIMA R R O，et al. Multi-gradient features and Elongated Quinary Pattern encoding for image-based Facial expression recognition [J]. PATTERN RECOGNITION，2017，71：249-263.

[28] JAN S U，VU V H，KOO I. Throughput Maximization Using an SVM for Multi-Class Hypothesis-Based Spectrum Sensing in Cognitive Radio [J]. Applied Sciences-Basel，2018，8(3)：421.

[29] CHANG C C，LIN C J. LIBSVM：A library for support vector machines [J]. ACM Transactions on Intelligent Systems & Technology，2011，2(3)：389-396.

[30] 谢梁，鲁颖，劳虹岚. Keras 快速上手：基于 Python 的深度学习实战 [M]. 北京：电子工业出版社，2017.

[31] PATRICK L，JEFFREY F C，TAKEO K，et al. The Extended Cohn-Kanade Dataset (CK+)：A complete dataset for action unit and emotion-specified expression [A]// 2010 IEEE Computer Society Conference on Computer Vision and Pattern Recognition Workshops. New York：IEEE，2010：94-101.

[32] LIU Z H，WANG H Z，YAN Y，et al. Effective Facial Expression Recognition via the Boosted Convolutional Neural Network [A]// Communications in Computer and Information Science. Berlin：Springer，2015：179-188.

[33] HAPPY S L，ROUTRAY A. Automatic facial expression recognition using features of salient facial patches [J]. IEEE Transactions on Affective Computing，2015，6(1)：1-12.

第3章
基于面部图像模型级融合的表情识别

3.1 引　　言

传统表情识别模型,输入的每一维特征权重均默认为 $1^{[1]}$,即认为所有特征对分类结果贡献相同,这与实际情况不相符。为了区分各个特征对分类的不同贡献,一般采用特征加权的方法[2]。但权重计算方式仅局限于利用特征值直接计算[3],未结合特征对分类结果的影响。同时,权重应用于特征级线性加权,对于基于表情的情感识别这一非线性问题无法发挥其最大作用。

本章针对面部表情图像的特征加权融合问题进行研究。分析面部的非刚体特性,当表情变化时,面部各个器官都会发生不同程度形变。为了区分哪些面部器官在表情识别过程中起的作用比重大,哪些器官起的作用比重小,进行面部器官区域划分,找出面部的主要特征点,并利用单一区域特征点的识别率,引入基于反馈的原理,设计权重确定方法。鉴于表情识别是一个非线性问题,非线性加权能够更好地发挥表情特征的优势。引入特征非线性加权原理,利用核函数,在模型级加权融合各个面部区域的特征,实现对特征的非线性加权融合。

3.2 相 关 工 作

到目前为止,大多数的表情识别算法是对整个人脸区域进行识别。然而,研究表明,在表情变化时,面部的有些区域是不活跃的。因此,有些学者尝试对不同的面部局部区域赋予不同的权重,甚至直接丢弃不活跃的面部区域。

Tao 等人[4]混合核算法提出了一种位置敏感的支持向量机算法。该方法首先将人脸分为 4×4 的子块,对每个子块,训练一个卷积神经网络抽取特征。然后将所有子块的抽取特征串联得到整个面部的特征。不同的子块特征对应的核不同,混合这些核得到了混合核,并将这种混合核用于位置敏感的支持向量机算法。付思亚等人[5]提出了一种将改进后的尺度不变特征转换算法与韦伯局部描述符相结合的方式,并把人脸划分为四个表情关键子区域,以便能够更好地提取人脸表情特征向量。Shi 等人[6]利用 Gabor 变换提取了面部的重要区域(如眼睛、鼻子和嘴)的特征,分配了不同的权重,并改进了局部二值模式算子,使其降低了对中心像素和光照条件的依赖程度,增加了算法的鲁棒性。Zhu 等人[7]采用基于固定人脸图像 4 个区域的裁剪方法,分割出关键图像区域,略过无关区域以提高算法计算效率,并设计了堆叠注意力模块,根据各部分对于表情识别的重要性的不同,对融合后的特征图进行了加权处理。Fan 等人[8]则对待识别图像进行分割,采用了嘴巴、左眼和鼻子三个人脸局部区域的图像,并使用双分支的三个子网络,每个局部图像都和原人脸图像一起作为子网络的输入,加入能够反映表情变化的局部区域的特征有效提高了算法的性能。因此,通过不同结构的网络发掘并充分利用图像中不同层级或区域等类型的特征信息可以有效地提高算法性能。

Shan 等人[9]将整个人脸区域平均划分为 6×7 的局部区域。针对每个区域,抽取 LBP 特征,并且根据每个局域的位置对特征进行加权处理,其中眼睛、嘴巴周围的局部区域权值最高,而面部边缘位置的局部区域(如面部上方有头发遮挡的部分)权值最低,使用 SVM 对加权特征进行了分类。Lin 等人[10]提出了学习活跃局部区域的方法,整个面部区域被分为 8×8 的局部区域,多任务稀疏学习方法被用来学习活跃的局部区域。实验表明,这些活跃区域分布在眼睛,鼻子和嘴巴周围,这些活跃子区域的尺度是固定的。Lin 等人[11]探究不同尺度的活跃区域的学习,得到了类似的结论:活跃区域分布在眼睛,鼻子和嘴巴周围。Happy 等人[12]选择了 19 个活跃子块进行表情识别。首先将 6 种表情两两结合得到 15 组表情,每组表情训练一个支持向量机进行二分类,作者探究了对识别每组表情最有利的 TOP-4 活跃子块。该方法在 CK+数据集和 JAFFE 数据集上的准确率分别是 94.09% 和 91.8%。同时,该方法在低分辨率的图像上依然有效。

3.3　面部图像的表情特征分组

3.3.1　面部结构分区

　　表情肌位于面部不同部位,主要分布在面部孔裂周围,如眼裂、口裂和鼻孔周围,有闭合或打开上述孔裂的作用,同时也可牵动面部皮肤,显示喜怒哀乐等各种表情。因此,表情是通过面部区域组件的变化实现的。要描述面部表情以及肌肉运动的变化,必须先对面部特征区域做一个规范化的描述。艾克曼教授提出面部动作编码系统(Facial Action Coding System,FACS)将面部肌肉划分为不同的运动单元,并对面部与表情有关的这些部位、面部的纹理形式以及肌肉运动的强度做出详尽的定义和说明。

　　心理学研究提出,人在通过面部表情表达情感时会调动多个面部区域同时发生变化,人的面部关键区域(如眉毛、眼睛、鼻子以及嘴部区域)能够为人的面部表情分析提供更有价值的信息[13]。因此,本章选取眉毛、眼睛、鼻子以及嘴部 4 个面部关键区域用于表情识别,如图 3-1 所示。

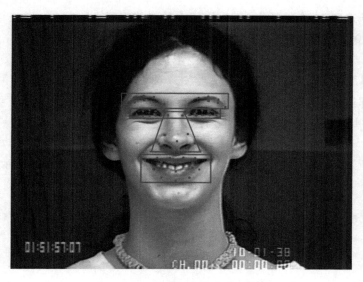

图 3-1　面部分区及关键点示意图

3.3.2 表情特征分组

为了分析不同面部区域对表情识别能力的差异性,采用特征点的方法对眉毛、眼睛、鼻子及嘴部4个面部关键区域的轮廓进行特征提取。在保证分类模型识别效率的前提下,为了降低训练和测试时计算的复杂程度,选取59个与面部表情关系密切的特征点,并根据4个面部关键区域分区,将特征点分为4组,如图3-1所示。构建面部图像的空间坐标系,每张表情图像最左上角像素置于坐标系原点位置,如图2-3所示。每个特征点的二维坐标为(x,y),每组特征点构成特征向量如下所示。

(1) 眉毛区域

从每个眉毛选取8个特征点,每个特征点的二维坐标为$(x_{1,k},y_{1,k})$,$k=1,\cdots,16$,得到一个32维的特征向量f_1如下所示:

$$f_1=(x_{1,1},y_{1,1},x_{1,2},y_{1,2},\cdots,x_{1,16},y_{1,16})$$

(2) 眼睛区域

从每个眼睛选取8个特征点,每个特征点的二维坐标为$(x_{2,k},y_{2,k})$,$k=1,\cdots,16$,得到一个32维的特征向量f_2如下所示:

$$f_2=(x_{2,1},y_{2,1},x_{2,2},y_{2,2},\cdots,x_{2,16},y_{2,16})$$

(3) 鼻子区域

从鼻子选取10个特征点,每个特征点的二维坐标为$(x_{3,k},y_{3,k})$,$k=1,\cdots,10$,得到一个20维的特征向量f_3如下所示:

$$f_3=(x_{3,1},y_{3,1},x_{3,2},y_{3,2},\cdots,x_{3,10},y_{3,10})$$

(4) 嘴部区域

从嘴部选取17个特征点,每个特征点的二维坐标为$(x_{4,k},y_{4,k})$,$k=1,\cdots,17$,得到一个34维的特征向量f_4如下所示:

$$f_4=(x_{4,1},y_{4,1},x_{4,2},y_{4,2},\cdots,x_{4,17},y_{4,17})$$

综上所述,每帧图像得到一个118维面部表情特征向量f如下所示:

$$f=(f_1,f_2,f_3,f_4)$$

3.4 权重确定方法

生理学研究表明,在面部各个器官中,嘴部区域轮廓在表情中的变化最丰富,每种基本表情的极限状态中,嘴唇肌肉的动作都不一样。例如,人们在笑的时候嘴角向上翘,在悲伤的时候嘴角向下撇,在惊讶的时候嘴会张大,在愤怒的时候嘴唇会收紧,在厌恶的时候上嘴唇会略微升高。此外,眼睛区域的轮廓形状在表情中的变化差异性相对较小,鼻子区域的轮廓形状在大多数的表情中都表现出相似的变化。由此可以得出,本章选取的 4 个面部关键区域在表情中表现出的变化程度存在差异性。

传统表情识别输入是整张面部图像的像素级特征,忽略了面部局部结构特征,没有区分各个面部器官在表情识别过程中所起到的作用比重大小。鉴于面部的非刚体特性,当表情变化时,各个器官都会发生不同程度的形变。因此,通过将面部进行区域划分得到面部的局部特征,并利用各区域特征贡献度重新整合面部的全局特征,可以得出更加优质的特征[14,15]。

依据某种准则对数据集中的各个特征赋予一定权重称为特征加权,在特征加权中权重地求取是关键,特征权重地计算是特征相关分析的重要内容。在分类学习中,特征相关分析的基本思想是计算某种度量,用于量化特征与给定类别的相关性,下面介绍基于反馈的特征相关分析与权重确定方法。根据香农定理中信息熵的定义,一幅图像中不同局部区域的贡献可以由它所包含的信息量来衡量,即具有较大熵值的局部区域表明具有比较多的信息量,具有较小熵值的区域就具有比较少的信息量。针对面部表情图像来说,具有较大熵值的局部区域对最终面部表情特征具有较大贡献。因此,在基于局部特征整合形成最终的面部表情特征时,也应对各个局部区域对应的特征赋予合理的权重。首先,将面部表情图像划分出不同子区域,并基于香农定理计算每个局部区域对应的熵值。然后,根据其熵值大小,对不同局部区域提取的特征赋予相应权重。

综上所述,按照以下步骤确定面部特征的权重。

步骤 1　基于面部刚性,选择与表情密切相关的 4 个面部区域,并依据特征点在面部的分布将其分为 4 组。

步骤 2　基于香农定理中熵的定义,面部图像上第 i 组特征的熵值为基于第 i 组特征的识别率:

$$p_i, \quad 1 \leqslant i \leqslant 4$$

步骤 3　基于反馈的原理,利用式(3-1)得到每组特征的权重,

$$\omega_i = \frac{p_i}{p_1 + p_2 + p_3 + p_4}, \quad 1 \leqslant i \leqslant 4 \tag{3-1}$$

其中,$\omega_1+\omega_2+\omega_3+\omega_4=1$。

利用这种方法,可以计算面部每个区域特征组的权重,具有最高权重的特征组是给定特征集合中具有最高区分度的特征组,亦对分类贡献最大的特征组[16,17]。由此可以用权重来度量各个特征相对于分类的相关性;权重越大,相关性越强。

3.5　特征加权支持向量机

基于特征加权核函数构造的支持向量机称为特征加权支持向量机,下面先给出权重矩阵的定义。

定义 3.1　设训练集为$\{(\boldsymbol{x},y)\mid x_i\in \boldsymbol{R}^n,y_i\in\{-1,+1\},i=1,2,3,\cdots,n\}$,线性变换矩阵 $\boldsymbol{P}$ 为特征加权矩阵,矩阵 $\boldsymbol{P}$ 的不同形式导致不同的加权情形,矩阵 $\boldsymbol{P}$ 有以下 3 种形式。

① $\boldsymbol{P}$ 是 n 阶单位矩阵,此时为无加权,

$$\boldsymbol{P}=\begin{bmatrix} 1 & \cdots & 0 \\ \vdots & & \vdots \\ 0 & \cdots & 1 \end{bmatrix}$$

② $\boldsymbol{P}$ 是任意 n 阶方阵,此时为全加权,

$$\boldsymbol{P}=\begin{bmatrix} \lambda_{11} & \lambda_{12} & \cdots & \lambda_{1n} \\ \lambda_{21} & \lambda_{22} & \cdots & \lambda_{2n} \\ \vdots & \vdots & & \vdots \\ \lambda_{n1} & \lambda_{n2} & \cdots & \lambda_{nn} \end{bmatrix}$$

其中,$\lambda_{ij}(1<i,j<n)$为任意实数。

③ $\boldsymbol{P}$ 是 n 阶对角矩阵,此时$(\boldsymbol{P})_{ii}=\lambda_i$ 代表第 i 个特征的权重,λ_i 是提前确定好的常量,

$$\boldsymbol{P}=\begin{bmatrix} \lambda_1 & & & \\ & \lambda_2 & & \\ & & \ddots & \\ & & & \lambda_n \end{bmatrix} \tag{3-2}$$

其中,$0<\lambda_i<1,1\leqslant i\leqslant n$。本章仅考虑 $\boldsymbol{P}$ 是 n 阶对角矩阵的情况。

由 3.4 节的内容可知,4 个面部区域对应特征的权重,则相应的加权矩阵如下所示:

$$\boldsymbol{P}_1 = \omega_1 \boldsymbol{E}_{32 \times 32} = \begin{bmatrix} \omega_1 & \cdots & 0 \\ \vdots & & \vdots \\ 0 & \cdots & \omega_1 \end{bmatrix}_{32 \times 32} \qquad (3\text{-}3)$$

$$\boldsymbol{P}_2 = \omega_2 \boldsymbol{E}_{32 \times 32} = \begin{bmatrix} \omega_2 & \cdots & 0 \\ \vdots & & \vdots \\ 0 & \cdots & \omega_2 \end{bmatrix}_{32 \times 32} \qquad (3\text{-}4)$$

$$\boldsymbol{P}_3 = \omega_3 \boldsymbol{E}_{20 \times 20} = \begin{bmatrix} \omega_3 & \cdots & 0 \\ \vdots & & \vdots \\ 0 & \cdots & \omega_3 \end{bmatrix}_{20 \times 20} \qquad (3\text{-}5)$$

$$\boldsymbol{P}_4 = \omega_4 \boldsymbol{E}_{34 \times 34} = \begin{bmatrix} \omega_4 & \cdots & 0 \\ \vdots & & \vdots \\ 0 & \cdots & \omega_4 \end{bmatrix}_{34 \times 34} \qquad (3\text{-}6)$$

综上所述,面部表情特征的加权矩阵如下所示:

$$\boldsymbol{P} = \begin{bmatrix} \boldsymbol{P}_1 & 0 & 0 & 0 \\ 0 & \boldsymbol{P}_2 & 0 & 0 \\ 0 & 0 & \boldsymbol{P}_3 & 0 \\ 0 & 0 & 0 & \boldsymbol{P}_4 \end{bmatrix} = \begin{bmatrix} \omega_1 \boldsymbol{E}_{32 \times 32} & 0 & 0 & 0 \\ 0 & \omega_2 \boldsymbol{E}_{32 \times 32} & 0 & 0 \\ 0 & 0 & \omega_3 \boldsymbol{E}_{20 \times 20} & 0 \\ 0 & 0 & 0 & \omega_4 \boldsymbol{E}_{34 \times 34} \end{bmatrix} \qquad (3\text{-}7)$$

针对线性可分和线性不可分两种情况分别采用不同的加权方法,下面分别给出线性特征加权支持向量机算法[18,19]和非线性特征加权支持向量机算法[20,21]。

3.5.1 线性特征加权支持向量机

对于线性可分的分类问题,将特征加权矩阵与经典优化问题相结合,得到线性特征加权支持向量机的原始优化问题如下所示:

$$\begin{cases} \min \dfrac{1}{2} \| \boldsymbol{\omega} \|^2 \\ \text{s. t. } y_i (\boldsymbol{\omega}^{\mathrm{T}} \boldsymbol{P} \boldsymbol{x}_i + b) \geqslant 1, \quad i = 1, 2, 3, \cdots, n \end{cases}$$

利用拉格朗日对偶性将该优化问题变换成对偶变量的优化问题求解,而且问题满足 KKT 条件,上述优化问题转化为如下优化问题:

$$\max L(\boldsymbol{\omega}, b, \boldsymbol{\alpha}) = \dfrac{1}{2} \| \boldsymbol{\omega} \|^2 - \sum_{i=1}^{n} \alpha_i [y_i (\boldsymbol{\omega}^{\mathrm{T}} \boldsymbol{P} \boldsymbol{x}_i + b) - 1], \quad \alpha_i \geqslant 0 \qquad (3\text{-}8)$$

其中,α_i 为拉格朗日乘子,利用极值条件得到求解方法如下所示:

$$\frac{\partial L}{\partial \boldsymbol{\omega}} = 0 \Rightarrow \boldsymbol{\omega} = \sum_{i=1}^{n} \alpha_i y_i \boldsymbol{P} \boldsymbol{x}_i \quad (3-9)$$

$$\frac{\partial L}{\partial b} = 0 \Rightarrow \sum_{i=1}^{n} \alpha_i y_i = 0 \quad (3-10)$$

将式(3-9)、式(3-10)代入式(3-8)可以得到:

$$L(\boldsymbol{\omega}, b, \boldsymbol{\alpha}) = \sum_{i=1}^{n} \alpha_i - \frac{1}{2} \sum_{i,j=1}^{n} \alpha_i \alpha_j y_i y_j \boldsymbol{P}^2 \boldsymbol{x}_i^{\mathrm{T}} \boldsymbol{x}_j, \quad \alpha_i \geqslant 0 \quad (3-11)$$

此时,拉格朗日函数中只含有 α_i 一个变量,求出 α_i 之后,根据式(3-9)可以求出 $\boldsymbol{\omega}$,将任意支持向量代入式(3-10)可求得 b,原始的优化问题转化为如下优化问题:

$$\begin{cases} \max L(\boldsymbol{\omega}, b, \boldsymbol{\alpha}) = \sum_{i=1}^{n} \alpha_i - \frac{1}{2} \sum_{i,j=1}^{n} \alpha_i \alpha_j y_i y_j \boldsymbol{P}^2 \boldsymbol{x}_i^{\mathrm{T}} \boldsymbol{x}_j \\ \mathrm{s.\,t.} \quad 0 \leqslant \alpha_i \leqslant C, \quad i = 1,2,3,\cdots,n \\ \sum_{i=1}^{n} \alpha_i y_i = 0 \end{cases} \quad (3-12)$$

利用序列最小优化算法求解得到 α_i^*,则有

$$\boldsymbol{\omega}^* = \sum_{i=1}^{n} \alpha_i^* y_i \boldsymbol{P} \boldsymbol{x}_i \quad (3-13)$$

再根据落在两边界上的支持向量满足 $\boldsymbol{\omega}^* \boldsymbol{P} \boldsymbol{x}_i + b = y_i$,每个支持向量可以求得一个 b 的值,可以将平均值作为最终的值 b^*,得到的分类函数为:

$$f(\boldsymbol{x}) = \boldsymbol{\omega}^* \boldsymbol{P} \boldsymbol{x} + b^* \quad (3-14)$$

最终决策函数为:

$$f(\boldsymbol{x}) = \mathrm{sgn}\left(\sum_{i=1}^{n} \alpha_i^* y_i \boldsymbol{x}_i \boldsymbol{P} \boldsymbol{x} + b^*\right) \quad (3-15)$$

其中,$\mathrm{sgn}(\ )$ 是符号函数,$\boldsymbol{\omega}^*$ 为超平面的法向量,b^* 为超平面的截距系数;如果决策函数值为正则为正类,为负则为负类。

3.5.2 非线性特征加权支持向量机

对于非线性可分的分类问题需要引入核函数,将特征加权矩阵和核函数结合起来得到特征加权核函数,再应用于非线性支持向量机中,得到非线性特征加权支持向量机。

定义 3.2 令 $\kappa(\boldsymbol{x}_i,\boldsymbol{x}_j)$ 是定义在 $X \times X$ 上的核函数，$X \subseteq R^n$，$\boldsymbol{P}$ 是给定输入空间的 n 阶线性变换矩阵，其中 n 是输入空间的维数，特征加权核函数 $\kappa_P(\boldsymbol{x}_i,\boldsymbol{x}_j)$ 定义为：

$$\kappa_P(\boldsymbol{x}_i,\boldsymbol{x}_j)=\kappa(\boldsymbol{P}\boldsymbol{x}_i,\boldsymbol{P}\boldsymbol{x}_j) \tag{3-16}$$

定义 3.3 由式(3-16)得到下列常用特征加权核函数。

① 特征加权多项式核函数：

$$\kappa_P(\boldsymbol{x}_i,\boldsymbol{x}_j)=(a\boldsymbol{x}_i^{\mathrm{T}}\boldsymbol{P}^{\mathrm{T}}\boldsymbol{P}\boldsymbol{x}_j+c)^d \tag{3-17}$$

② 特征加权 Sigmoid 核函数：

$$\kappa_P(\boldsymbol{x}_i,\boldsymbol{x}_j)=\tanh(\alpha\boldsymbol{x}_i^{\mathrm{T}}\boldsymbol{P}^{\mathrm{T}}\boldsymbol{P}\boldsymbol{x}_j+c) \tag{3-18}$$

③ 特征加权高斯径向基核函数：

$$\kappa_P(\boldsymbol{x}_i,\boldsymbol{x}_j)=\exp\left\{-\frac{\|\boldsymbol{x}_i\boldsymbol{P}-\boldsymbol{x}_j\boldsymbol{P}\|^2}{2\sigma^2}\right\}$$
$$=\exp\left\{-\frac{(\boldsymbol{x}_i-\boldsymbol{x}_j)^{\mathrm{T}}\boldsymbol{P}^{\mathrm{T}}\boldsymbol{P}(\boldsymbol{x}_i-\boldsymbol{x}_j)}{2\sigma^2}\right\} \tag{3-19}$$

用特征加权核函数 $\kappa_P(\boldsymbol{x}_i,\boldsymbol{x}_j)$ 代替核函数 $\kappa(\boldsymbol{x}_i,\boldsymbol{x}_j)$，得到非线性特征加权支持向量机的优化问题如下所示：

$$\begin{cases} \max L(\boldsymbol{\omega},b,\boldsymbol{\alpha})=\sum_{i=1}^{n}\alpha_i-\frac{1}{2}\sum_{i,j=1}^{n}\alpha_i\alpha_jy_iy_j\kappa(\boldsymbol{P}\boldsymbol{x}_i,\boldsymbol{P}\boldsymbol{x}_j) \\ \text{s. t. } 0\leqslant\alpha_i\leqslant C, \quad i=1,2,3,\cdots,n \\ \sum_{i=1}^{n}\alpha_iy_i=0 \end{cases} \tag{3-20}$$

得到最优决策函数为：

$$f(\boldsymbol{x})=\mathrm{sgn}\left(\sum_{i=1}^{n}\alpha_i^* y_i\kappa(\boldsymbol{P}\boldsymbol{x}_i,\boldsymbol{P}\boldsymbol{x})+b^*\right) \tag{3-21}$$

其中，$b^*=y_j-\sum_{i=1}^{n}\alpha_i^* y_i\kappa(\boldsymbol{P}\boldsymbol{x}_i,\boldsymbol{P}\boldsymbol{x})$。然后只需要求解拉格朗日乘子 α_i，求解方法与线性可分情况一致，利用序列最小优化算法求解。

引入核函数的原始动机是利用非线性特征映射，在建立的特征空间中的线性函数寻找非线性模式。矩阵 $\boldsymbol{P}$ 相当于线性特征映射，看起来和动机不相关，但是可以缩放输入空间和特征空间的几何形状，从而改变分配给特征空间中不同线性函数的权重，定理 3.1 表述这一结论。

定理 3.1[20]　令 $\kappa(\pmb{x}_i,\pmb{x}_j)$ 是定义在 $X \times X$ 上的核函数,$X \subseteq R^n$,ϕ 是输入空间到特征空间的映射 $\phi:X \to F$,$\pmb{P}$ 是线性变换矩阵,$\tilde{\pmb{x}}_i = \pmb{P}\pmb{x}_i$,则有

$$\|\phi(\tilde{\pmb{x}}_i)-\phi(\tilde{\pmb{x}}_j)\| \neq \|\phi(\pmb{x}_i)-\phi(\pmb{x}_j)\|$$

证明:对于任意核函数,有 $\kappa(\pmb{x},\pmb{x})=1$,$\forall \pmb{x}$ 成立。则

$$\|\phi(\tilde{\pmb{x}}_i)-\phi(\tilde{\pmb{x}}_j)\|$$
$$= \sqrt{(\phi(\tilde{\pmb{x}}_i)-\phi(\tilde{\pmb{x}}_j)) \cdot ((\phi(\tilde{\pmb{x}}_i)-\phi(\tilde{\pmb{x}}_j))}$$
$$= \sqrt{\phi(\tilde{\pmb{x}}_i) \cdot \phi(\tilde{\pmb{x}}_i)-2\phi(\tilde{\pmb{x}}_i) \cdot \phi(\tilde{\pmb{x}}_j)+\phi(\tilde{\pmb{x}}_j) \cdot \phi(\tilde{\pmb{x}}_j)}$$
$$= \sqrt{\kappa(\tilde{\pmb{x}}_i,\tilde{\pmb{x}}_i)-2\kappa(\tilde{\pmb{x}}_i,\tilde{\pmb{x}}_j)+\kappa(\tilde{\pmb{x}}_j,\tilde{\pmb{x}}_j)}$$
$$= \sqrt{2-2\kappa(\tilde{\pmb{x}}_i,\tilde{\pmb{x}}_j)}$$
$$= \sqrt{2-2\kappa(\pmb{P}\pmb{x}_i,\pmb{P}\pmb{x}_j)}$$
$$\neq \sqrt{2-2\kappa(\pmb{x}_i,\pmb{x}_j)}$$
$$= \|\phi(\pmb{x}_i)-\phi(\pmb{x}_j)\|$$

证毕。

定理 3.2[20]　若存在一个 $\lambda_k=0(1 \leqslant k \leqslant n)$,则数据集的第 k 个特征与加权核函数的计算无关,与分类器的输出无关。$\lambda_k(1 \leqslant k \leqslant n)$ 越小,对加权核函数的计算影响越小,对分类结果的影响越小。

证明:由加权核函数的定义和分类决策函数式立即得证。
证毕。

定理 3.1 说明经过线性特征变换之后,特征空间的形状发生改变,特征空间中点与点之间位置关系也发生改变,从而有可能在改变之后的特征空间中找到更好的线性分类超平面,提高支持向量机模型的分类性能。定理 3.2 说明加权核函数的计算能够避免被一些弱相关或不相关的特征所支配,从而期望获得更好的分类结果,本章后面的实验可以验证该结论。

综上所述,按照以下步骤构造非线性特征加权支持向量机。

步骤 1　设训练集为 $\{(\pmb{x},y)\,|\,\pmb{x}_i \in \pmb{R}^n,y_i \in \{-1,+1\},i=1,2,3,\cdots,n\}$。

步骤 2　根据前面介绍的权重确定方法计算每个特征的权重,并构造特征的加权矩阵:

$$\pmb{P}=\begin{bmatrix} \pmb{P}_1 & 0 & 0 & 0 \\ 0 & \pmb{P}_2 & 0 & 0 \\ 0 & 0 & \pmb{P}_3 & 0 \\ 0 & 0 & 0 & \pmb{P}_4 \end{bmatrix}=\begin{bmatrix} \omega_1\pmb{E}_{32 \times 32} & 0 & 0 & 0 \\ 0 & \omega_2\pmb{E}_{32 \times 32} & 0 & 0 \\ 0 & 0 & \omega_3\pmb{E}_{20 \times 20} & 0 \\ 0 & 0 & 0 & \omega_4\pmb{E}_{34 \times 34} \end{bmatrix}$$

步骤 3　选择适当的核函数,构造加权核函数:

$$\kappa_P(\boldsymbol{x}_i,\boldsymbol{x}_j)=\kappa(\boldsymbol{P}\boldsymbol{x}_i,\boldsymbol{P}\boldsymbol{x}_j)$$

步骤 4　选择适当的惩罚参数 $C>0$,构造并求解最优化问题:

$$\begin{cases} \max L(\boldsymbol{\omega},b,\boldsymbol{\alpha})=\sum_{i=1}^{n}\alpha_i-\dfrac{1}{2}\sum_{i,j=1}^{n}\alpha_i\alpha_j y_i y_j\kappa(\boldsymbol{P}\boldsymbol{x}_i,\boldsymbol{P}\boldsymbol{x}_j) \\[2mm] \text{s.t.}\ \ 0\leqslant\alpha_i\leqslant C, i=1,2,3,\cdots,n \\[2mm] \sum_{i=1}^{n}\alpha_i y_i=0 \end{cases}$$

得到最优解 $\boldsymbol{\alpha}^*$。

步骤 5　计算 $\boldsymbol{\omega}^*=\sum_{i=1}^{n}\alpha_i^*y_i\boldsymbol{x}_i$,并据此计算 $b^*=y_j-\sum_{i=1}^{n}\alpha_i^*y_i\kappa(\boldsymbol{P}\boldsymbol{x}_i,\boldsymbol{P}\boldsymbol{x})$。

步骤 6　得到最终的决策函数 $f(\boldsymbol{x})=\text{sgn}(\sum_{i=1}^{n}\alpha_i^*y_i\kappa(\boldsymbol{P}\boldsymbol{x}_i,\boldsymbol{P}\boldsymbol{x})+b^*)$。

3.6　基于加权核函数的表情识别模型

　　在表情识别过程中,特征作为输入担任着重要角色。分析并充分发挥特征的特性,有利于提高对象的识别性能。特征融合是对原始信息中目标的尺寸大小、速度大小等多种属性进行提取,并将提取的特征信息进行综合分析处理的技术。在特征融合过程中,对不同特征向量进行优化组合后,既可以保留对识别有效的鉴别信息,又可以在一定程度上消除冗余信息,对分类问题具有极其重要的意义。加权融合是特征融合中的常用方法,它通过加权对多种特征信息进行融合,提高特征表达的鉴别性,同时增强分类算法的准确性。传统的权重确定方法没有考虑特征对分类结果的影响,基于反馈信息的原理为权重确定方法提供了一种新思路。针对这一点,在特征融合思想的基础上,我们确定特征加权融合方法,在模型级利用核函数实现特征的非线性加权融合。

　　通过将权重与核函数结合,从而形成如图 3-2 所示的表情识别模型。该模型前端是特征提取层,提取面部特征点坐标得到表情特征,根据面部刚性分析将面部特征点分组,并得到各组特征的权重。模型的后端是分类算法层,将前端的权重作用于分类算法的核函数,最后实现数据的分类处理。

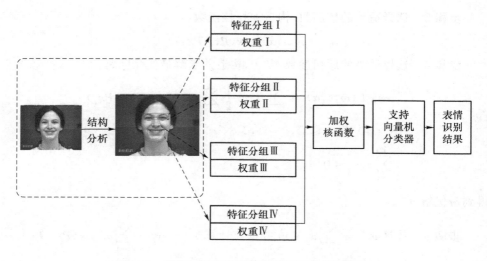

图 3-2 基于加权核函数的表情识别模型结构图

3.7 实验与分析

3.7.1 实验平台

本章实验硬件设备主要是台式电脑,具体硬件配置为:Inter(R) Core(TM) i7-6700 CPU,主频 3.4GHz,安装内存 4GB,搭载 64 位 Windows 7 旗舰版操作系统,主要负责运行各种实验工具软件,进行数据处理和结果输出。支持向量机分类器的训练和测试使用 LIBSVM 软件包,开发环境为 Python。

3.7.2 实验数据

Extended Cohn-Kanade(CK+)[22] 人脸表情数据库由卡内基梅隆大学和匹兹堡大学采集,并在 2010 年发布,由 2000 年发布的 Cohn-Kanade 数据库扩展而来。该数据库是人脸表情识别中比较流行的一个数据库,广泛用于非商业的学术研究,很多文章都用到这个数据做测试,验证自己的算法。数据库中包含 123 个采集对象的 593 个表情图像序列,其中 327 张(Peak)图像带有表情标签,表情标签有高兴、愤怒、悲伤、惊讶、厌恶、恐惧和蔑视 7 种,每种情感标签的图像数量如表 3-1 所示。带有情感标签"惊讶"的图像数量为 83,带有情感标签"蔑视"的图像数量为 18,数据分布不平衡。我们采用组合几何变换的方式增加可用图像,共得到 1 592 张带有情感标签的实验图像,每种表情的图像数量如表 3-1 所示。利用分层随机抽样的方法,首先,将图像依据情感标签分成 7 种类型。然后,从每种类型的图像中抽取一定比例的图像构成训练集,余下的图像构成测试集。鉴于数据结构的不平衡性,每种表情训练集样本大小设置为最小样本集的 80% 左右,即情感标签为"蔑视"的样本数量 $144 \times 80\% \approx 115$,则训练集样本数量为 $115 \times 7 = 805$,测试集数量为 787,每种表情图像集合样本数量如表 3-1 所示。

表 3-1　7 种表情图像实验数据的具体数量

表情标签	原始数据集	数据增强	训练集	测试集
愤怒	45	180	115	65
蔑视	18	144	115	29
厌恶	59	236	115	121
恐惧	25	200	115	85
高兴	69	276	115	161
悲伤	28	224	115	109
惊讶	83	332	115	217
总和	327	1 592	805	787

3.7.3　基于眉毛区域的表情识别

由 3.3 节内容可知,提取每张面部图像中眉毛区域的 16 个的特征点,得到一个 32 维特征向量 f_1 如下所示:

$$f_1 = (x_{1,1}, y_{1,1}, x_{1,2}, y_{1,2}, \cdots, x_{1,16}, y_{1,16})$$

针对基于眉毛区域特征的表情识别,构造基于支持向量机的识别模型。以 805 组眉毛区域特征作为训练样本,787 组眉毛区域特征作为测试样本,识别模型在 7 类表情的识别率及平均识别率如图 3-3 和表 3-2 所示。由图 3-3 可知,眉毛区域特征对表情"高兴"识别率最高,即表现力最强;对表情"蔑视"识别率最低,即表现力最弱。

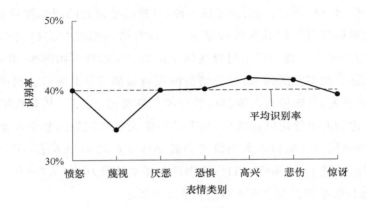

图 3-3 基于眉毛区域的表情识别率

表 3-2 基于单一区域特征的表情识别结果

表情标签	眉毛区域		眼睛区域		鼻子区域		嘴部区域	
愤怒	26	40.00%	27	41.54%	16	24.62%	39	60.00%
蔑视	10	34.48%	10	34.48%	6	20.69%	11	37.93%
厌恶	48	39.67%	50	41.32%	31	25.62%	73	60.33%
恐惧	34	40.00%	36	42.35%	21	24.71%	51	60.00%
高兴	67	**41.61%**	71	44.10%	42	26.09%	105	**65.22%**
悲伤	45	41.28%	**49**	**44.95%**	29	**26.61%**	64	58.72%
惊讶	85	39.17%	88	40.55%	54	24.88%	137	63.13%
总数	315	—	331	—	199	—	480	—
平均识别率	—	**40.03%**	—	**42.06%**	—	**25.29%**	—	**60.99%**

3.7.4 基于眼睛区域的表情识别

由 3.3 节内容可知,提取每张面部图像中眼睛区域的 16 个的特征点,得到一个 32 维特征向量 f_2 如下所示:

$$f_2 = (x_{2,1}, y_{2,1}, x_{2,2}, y_{2,2}, \cdots, x_{2,16}, y_{2,16})$$

针对基于眼睛区域特征的表情识别,构造基于支持向量机的识别模型。以 805 组眼睛区域特征作为训练样本,787 组眼睛区域特征作为测试样本,识别模型在 7 类表情的识别率及平均识别率如图 3-4 和表 3-2 所示。由图 3-4 可知,眼睛区域特征对表情"悲伤"识别率最高,即表现力最强;对表情"蔑视"识别率最低,即表现力最弱。

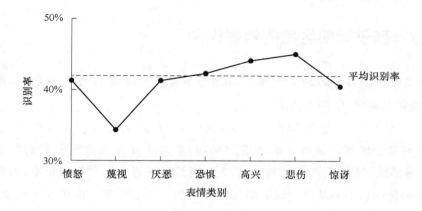

图 3-4 基于眼睛区域的表情识别率

3.7.5 基于鼻子区域的表情识别

由 3.3 节内容可知,提取每张面部图像中鼻子区域的 10 个的特征点,得到一个 20 维特征向量 f_3 如下所示:

$$f_3 = (x_{3,1}, y_{3,1}, x_{3,2}, y_{3,2}, \cdots, x_{3,10}, y_{3,10})$$

针对基于鼻子区域特征的表情识别,构造基于支持向量机的识别模型。以 805 组鼻子区域特征作为训练样本,787 组鼻子区域特征作为测试样本,识别模型在 7 类表情的识别率及平均识别率如图 3-5 和表 3-2 所示。由图 3-5 可知,鼻子区域特征对表情"悲伤"识别率最高,即表现力最强;对表情"蔑视"识别率最低,即表现力最弱。

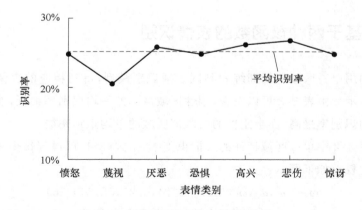

图 3-5 基于鼻子区域的表情识别率

3.7.6　基于嘴部区域的表情识别

由 3.3 节内容可知,提取每张面部图像中嘴部区域的 17 个的特征点,得到一个 34 维特征向量 f_4 如下所示:

$$f_4 = (x_{4,1}, y_{4,1}, x_{4,2}, y_{4,2}, \cdots, x_{4,17}, y_{4,17})$$

针对基于嘴部区域特征的表情识别,构造基于支持向量机的识别模型。以805 组嘴部区域特征作为训练样本,787 组嘴部区域特征作为测试样本,识别模型在 7 类表情的识别率及平均识别率如图 3-6 和表 3-2 所示。由图 3-6 可知,嘴部区域特征对表情"高兴"识别率最高,即表现力最强;对表情"蔑视"识别率最低,即表现力最弱。

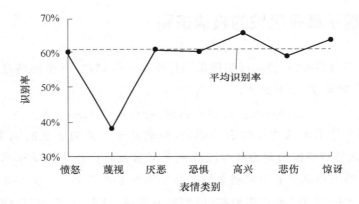

图 3-6　基于嘴部区域的表情识别率

3.7.7　基于两种核函数的表情识别

分别利用单一区域特征训练和测试表情识别模型,得到相应的表情识别结果如表 3-2 所示。由表 3-2 可以发现,刚性区域鼻部的平均识别率最低,非刚性区域嘴部的平均识别率最高,而半刚性的眉眼部区域的平均识别率居中。

利用表 3-2 中单一区域特征的表情识别率,由式(3-1)可得到每个面部子区域对应特征的权重如下所示:

$$\boldsymbol{\omega} = (\omega_1, \omega_2, \omega_3, \omega_4) = (0.24, 0.25, 0.15, 0.36)$$

由式(3-3)~式(3-7)可得到每个区域的特征加权矩阵和核函数加权矩阵如下

所示：

$$P_1 = \begin{bmatrix} 0.24 & \cdots & 0 \\ \vdots & & \vdots \\ 0 & \cdots & 0.24 \end{bmatrix}_{32 \times 32}$$

$$P_2 = \begin{bmatrix} 0.25 & \cdots & 0 \\ \vdots & & \vdots \\ 0 & \cdots & 0.25 \end{bmatrix}_{32 \times 32}$$

$$P_3 = \begin{bmatrix} 0.15 & \cdots & 0 \\ \vdots & & \vdots \\ 0 & \cdots & 0.15 \end{bmatrix}_{20 \times 20}$$

$$P_4 = \begin{bmatrix} 0.36 & \cdots & 0 \\ \vdots & & \vdots \\ 0 & \cdots & 0.36 \end{bmatrix}_{34 \times 34}$$

$$P = \begin{bmatrix} 0.24 E_{32 \times 32} & 0 & 0 & 0 \\ 0 & 0.25 E_{32 \times 32} & 0 & 0 \\ 0 & 0 & 0.15 E_{20 \times 20} & 0 \\ 0 & 0 & 0 & 0.36 E_{34 \times 34} \end{bmatrix}$$

由式(3-16)可得到加权高斯核函数如下所示：

$$K_P(f_i, f_j) = \exp(-\gamma \| f_i^{\mathrm{T}} P - f_j^{\mathrm{T}} P \|^2) = \exp(-\gamma((f_i - f_j)^{\mathrm{T}} P P^{\mathrm{T}} (f_i - f_j)))$$

在特征级引入线性融合原理，线性串联 4 个面部子区域特征向量得到一个 118 维特征向量 f 如下所示：

$$f = (f_1, f_2, f_3, f_4)$$

为了充分说明利用核函数进行非线性特征加权的可行性，利用"高斯核函数"和"加权高斯核函数"两种类型核函数进行对比试验。利用 $\kappa(x_i, x_j)$ 和 $\kappa_P(x_i, x_j)$ 两种不同类型的核函数分别训练和测试情感识别模型，得到相应的表情识别结果如表 3-3 所示。

表 3-3　基于两种核函数的表情识别结果

表情标签	高斯核函数		加权高斯核函数	
愤怒	48	73.85%	61	93.85%
蔑视	12	41.38%	16	55.17%
厌恶	93	76.86%	113	93.39%

表情标签	高斯核函数		加权高斯核函数	
恐惧	61	71.76%	80	94.12%
高兴	147	**91.30%**	158	98.14%
悲伤	91	83.49%	105	96.33%
惊讶	194	89.40%	213	**98.16%**
总数	646	—	745	—
平均识别率	—	82.08%	—	94.79%

由表 3-3 可以发现,基于两种核函数特征识别率最低的表情都是"蔑视",表情"高兴"和"惊讶"均有较高识别率,由此可见表情本身的特征明显程度是识别率的关键,表情"高兴"和"惊讶"的特征的高明显性造成高识别率,表情"蔑视"的特征的低明显性造成低识别率。此外,基于加权高斯核函数的识别率高于基于高斯核函数的识别率。加权核函数通过加权特征实现增大强相关特性并减少弱相关特性,提高模型的识别率。

本 章 小 结

本章针对特征的加权融合问题进行研究。特征作为输入,是识别模型中的关键步骤。分析特征特性,设计非线性加权融合方法是本章研究的主要内容。首先,分析面部结构特性,选择能够体现面部主要形态且不会因为模型的不同而改变其相对位置的特征点,并将面部表情肌肉运动范围大小作为面部分区的评价指标,根据分区将特征分为互不相交的特征组。然后,对于单组特征而言,由于对情感状态表现力强弱不同,对识别率的影响力也不同,根据单组特征的识别率,引入基于反馈的原理,设计权重确定方法,并引入刚性原理,分析面部不同分区的刚性,将其为检验权重正确性的依据。最后,鉴于表情识别是一个非线性的图像分类问题,非线性特征加权能够更大发挥情感特征的优势,根据分类模型的特点,引入特征非线性加权原理,通过使用非线性映射,在新的特征空间中搜索非线性模型。

通过本章的研究,提出一种基于核函数的非线性特征加权方法。提取面部特征点坐标构成表情特征,根据面部刚性分区将特征分组,利用单组特征识别率确定相应权重,并通过加权核函数实现特征的非线性加权。加权后的核函数通过特征加权增大强相关性并减少弱相关特征对分类结果的影响,从而提高模型识别率。

本章参考文献

[1] WIEM M B H, LACHIRI Z L. Emotion assessing using valence-arousal evaluation based on peripheral physiological signals and support vector machine [A]// 4th International Conference on Control Engineering & Information Technology. New York：IEEE, 2016：1-5.

[2] CHEN J K, CHEN Z H, CHI, Z R, et al. Emotion recognition in the wild with feature fusion and multiple kernel learning [A]// 16th International Conference on Multimodal Interaction. New York：ACM, 2014：508-513.

[3] ZHAO Y, XU J C. Necessary Morphological Patches Extraction for Automatic Micro-Expression Recognition [J]. APPLIED SCIENCES-BASEL, 2018, 8(10)：1811.

[4] TAO Q Q, ZHAN S, LI X H, et al. Robust face detection using local CNN and SVM based on kernel combination[J]. Neurocomputing, 2016, 211:98-105.

[5] 付思亚, 胡西川. 结合 D-SIFT 和区域 PPWLD 的人脸表情识别方法[J]. 计算机应用与软件, 2022, 39(7)：207-214.

[6] SHI S, SI H Q, LIU J M, et al. Facial expression recognition based on Gabor features of salient patches and ACI-LBP[J]. Journal of intelligent & fuzzy systems：Applications in Engineering and Technology, 2018, 34(4)：2551-2561.

[7] ZHU H T, XU H H, MA X J, et al. Facial Expression Recognition Using Dual Path Feature Fusion and Stacked Attention[J]. Future Internet, 2022, 14(9)：258-258.

[8] FAN Y R, LAM J C K, LI K O V. Multi-ensemble convolutional neural network for facial expression recognition[C]// International Conference on Artificial Neural Networks. Rhodes：Springer, 2018：84-94.

[9] CAI F S, GONG S G, MCOWAN P W. Robust facial expression

recognition using local binary patterns[C]// Image Processing，2005. ICIP 2005. IEEE International Conference on. IEEE，2005，2：II-370.

[10] ZHONG L，LIU Q H，YANG P，et al. Learning active facialpatches for expression analysis [C]// Computer Vision and Pattern Recognition (CVPR)，2012 IEEE Conference on. IEEE，2012：2562-2569.

[11] ZHONG L，LIU Q H，YANG P，et al. Learning multiscale active facial patches for expression analysis[J]. IEEE transactions on cybernetics，2015，45(8)：1499-1510.

[12] HAPPY S L，ROUTRAY A. Automatic facial expression recognition using features of salient facialpatches[J]. IEEE Transactions on Affective Computing，2015，6(1)：1-12.

[13] ZHAO Y，XU J C. Necessary Morphological Patches Extraction for Automatic Micro-Expression Recognition [J]. APPLIED SCIENCES-BASEL，2018，8(10)：1811.

[14] HU M，LI K，WANG X H，et al. Facial expression recognition based on histogram weighted HCBP [J]. Journal of Electronic Measurement and Instrument，2015，29(7)：953-960.

[15] ZHANG X，MAHOOR M H. Task-dependent multi-task multiple kernel learning for facialaction unit detection[J]. PATTERN RECOGNITION，2016，51：187-196.

[16] ZHAO Y，XU J C. Necessary Morphological Patches Extraction for Automatic Micro-Expression Recognition [J]. Applied Sciences-Basel，2018，8(10)：1811.

[17] ZIA M S，HUSSAIN M，JAFFAR M A. A novel spontaneous facial expression recognition using dynamically weighted majority voting based ensemble classifier [J]. Multimedia Tools and Applications，2018，77 (19)：25537-25567.

[18] XING H J，HA M H，TIAN D Z，et al. A novel support vector machine with its features weighted by mutual information [A]// IEEE World Congress on Computational Intelligence. New York：IEEE，2008：315-320.

[19] XING H J，HA M H，HU B G，et al. Linear feature-weighted support vector machine [J]. Fuzzy Information & Engineering，2009，1（3）：289-305.

[20] 汪廷华，田盛丰，黄厚宽. 特征加权支持向量机 [J]. 电子与信息学报，2009，31(3)：514-518.

[21] 汪廷华，田盛丰，黄厚宽，等. 样本属性重要度的支持向量机方法 [J]. 北京交通大学学报，2007，31(5)：87-90.

[22] PATRICK L，JEFFREY F C，TAKEO K，et al. The Extended Cohn-Kanade Dataset（CK+）：A complete dataset for action unit and emotion-specified expression [A]// 2010 IEEE Computer Society Conference on Computer Vision and Pattern Recognition Workshops. New York：IEEE，2010：94-101.

第 4 章

基于脑电信号时频空域特征的情感识别

4.1 引　　言

　　人们的情感会引起人体生理信号的变化,脑电信号(Electroencephalogram, EEG)记录了头皮电位的变化,可以在一定程度上反映大脑的活动,具有绝对不可能伪装的突出特点。除此之外,根据神经生理学和心理学的研究,情感的产生和活动与大脑皮质的活动密切相关[1],脑电信号不仅可以用于检查各种脑电活动和大脑的功能状态,而且蕴含着人类情感状态的重要信息[2]。利用非生理信号的情感识别,能更加真实、更加有效地反映出人们的情感状态。虽然脑电信号有如上两种优点,但是仍然存在时间不对称和不稳定、信噪比低、特定反应的脑区不确定等缺点[3]。因此,基于脑电信号的情感识别研究仍然是一项十分艰巨且有意义的任务。

　　本章针对脑电信号的多维度情感特征的提取问题进行研究。将原始脑电信号划分为时长相同的片段,然后分解出 5 个子频段以各频段的微分熵特征作为频域特征,再将各频段的微分熵特征映射到脑电通道物理位置的二维矩阵中融合频域特征和空间特征,最终提取出包含脑电信号的频域特征、空间特征和时域特征的四维特征矩阵。在此基础上引入卷积神经网络用于学习脑电信号的频域特征和空间特征,长短期记忆网络用于学习脑电信号片段之间的时域特征,建立基于时空网络的情感识别模型。

4.2 相 关 工 作

　　目前国内外基于脑电信号的情感识别的研究主要集中在特征提取和情感识别

模型两个方面,特征提取的研究主要集中在时域特征、频域特征、空间域特征以及时频域特征,情感识别模型主要集中于单模情感识别模型和多模情感识别模型。下面介绍特征提取和情感识别模型的研究现状。

在特征提取方面,张冠华[4]将目前常用于情感识别的脑电特征总结为时域特征、频域特征、空间域特征和时频域特征。时域特征主要包括事件相关电位、信号统计量、能量、功率、高阶过零分析、Hjorth 参数特征、不稳定指数和分形维数。Petrantonakis 等人[5]提出了高阶过零分析(Higher Order Crossings,HOC)法,这种方法利用信号通过零点的次数反映信号振荡的程度,他们的研究结果表明高阶过零分析法可以很好地区分高兴、悲伤、惊讶、恐惧、愤怒和厌恶六种情绪。Kim 等人[6]研究发现高阶过零分析法表示脑电信号振荡程度比谱功率具有更强的鲁棒性。Koelstra[7]的研究表明脑电信号的 5 个子频段 δ 频段(1~3 Hz)、θ 频段(4~7 Hz)、α 频段(8~13 Hz)、β 频段(14~30 Hz)和 γ 频段(31~45 Hz)与心理活动密切相关。Bos[8]按频率将提取到的能力特征分为两段,然后研究了不同位置的电极通道对脑电情感分类结果的影响,从而发现了频域特征中的关键频段和区域。根据Zheng 等人[9]的研究,使用微分熵特征识别情绪的正性、中性和负性的准确率高于其他特征。上述特征仅仅考虑了单个电极通道的作用,忽略了不同脑区之间的协同作用,为了改进此缺点,研究人员引入了空域特征。Koelstra 等人[10]分别以脑电信号的功率谱密度特征和共同模式特征作为情感识别特征,用支持向量机对情绪的效价、唤醒度和喜爱度进行二分类,共同模式特征得到的分类准确率高于功率谱密度特征。但是由于每个人的脑电信号在各个频段上的显著程度不同,为了保证识别的准确率,往往需要手动调整共同模式特征的频段。针对这个问题,Novi 等人[11]提出子波段共同空间模式(Sub-band Common Spatial Pattern,SBCSP),该算法使用 Gabor 滤波器组将信号分成不同频段,然后在各波段上提取共同模式特征,使用 LDA 算法自动选择显著的频段和相应的共同模式特征,最后用分类器对共同模式特征进行分类。电极组合特征以频域特征、时域特征或时频域特征作为初步特征,结合电极通道的位置将若干电极组合成对计算特征,常用的包括左右脑区的非对称差(Differential Asymmetry,DASM)特征和非对称商(Rational Asymmetry,RASM)特征。Duan 等人[12]先提取了各脑电通道的功率谱密度特征,然后计算了左右脑区的非对称差特征和非对称商特征,根据他们的情感分类实验,非对称差特征取得了 80.96% 的准确率,非对称商特征取得了 83.28% 的准确率。杨鹏园等人[13]的研究对比了希尔伯特黄变换和小波包变换提取出的特征的分类准确率和时间开销,他们的实验结果表明希尔伯特黄变换提取的特征比小波包变换提取的特征准确率更高,但时间开销更大。

随着深度学习的发展,深度学习成为目前对情感识别模型的研究的一大热点,可以分为单一神经网络模型和多种神经网络融合模型的研究。在单一神经网络模型的研究中,Zhong[14] 使用了正则化图神经网络(Regularized Graph Neural Networks,RGNN)实现对脑电信号的情感分析。他们利用邻接矩阵来描述脑电通道之间的联系,他们在网络中提出了节点域对抗训练(NodeDAT)正则器和情感意识分布学习(EmotionDL)正则器分别用于处理不同个体之间的脑电信号差异以及处理噪声标签,他们的正则化图神经网络在 SEED 数据集上取得了 94.24% 的准确率。Song[15] 提出了动态图卷积神经网络(Dynamical Graph Convolutional Neural Networks,DGCNN)用于脑电情感识别,其模型结构如图 4-1 所示,同样他们的模型也使用邻接矩阵表示脑电通道之间的联系,但是动态图卷积神经网络可以在训练的过程中学习脑电通道之间的内在联系,优化初试邻接矩阵,动态图卷积神经网络在 SEED 数据集上取得了 90.40% 的准确率。上述单一神经网络的情感识别模型往往只能针对脑电信号的频域特征和空间特征,而忽略了脑电信号的时域特征,因此研究人员往往会将多种神经网络融合到一起实现脑电信号的分类。Yin[16] 将图卷积神经网络(Graph Convolutional Neural Network,GCNN)和长短期记忆网络(LSTM)进行融合提出了 ECLGCNN 模型,其框架如图 4-2 所示,该模型使用多个图卷积神经网络来学习脑电信号通道之间的信息,然后利用长短期记忆网络学习脑电信号片段之间的时域信息,ECLGCNN 模型在受试者相关的实验中对效价的二分类取得了 90.45% 的准确率,对唤醒的二分类取得了 90.60% 的准确率。陈景霞[17] 提出级联卷积-循环神经网络(CASC-CNN-LSTM)模型,该模型首先使用卷积神经网络学习脑电通道之间的物理空间联系,然后利用长短期记忆网络学习脑电信号片段之间的时间依赖关系,在他们的实验中级联卷积-循环神经网络模型取得了 93.15% 的平均分类准确率。欧阳天雄[18] 的研究既包含了单模情感识别模型,也包含了多模情感识别模型,在他的单模情感识别模型研究中,与Song[15] 类似他也使用图这种数据结构来表示脑电信号,但他改进了动态图卷积神经网络,引入了时空注意力机制,提出了单视图时空图卷积神经网络和多视图时空神经网络;在他的多模情感识别模型研究中,他提出了分层式三组件网络架构,该架构有三个不同的子网络分别处理不同的任务,从而有效地提升了分类准确率。

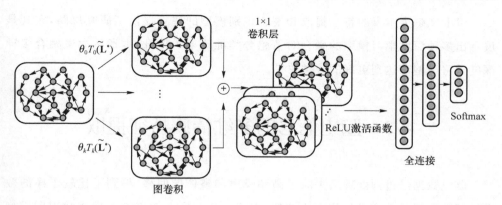

图 4-1 动态图卷积神经网络模型框架图

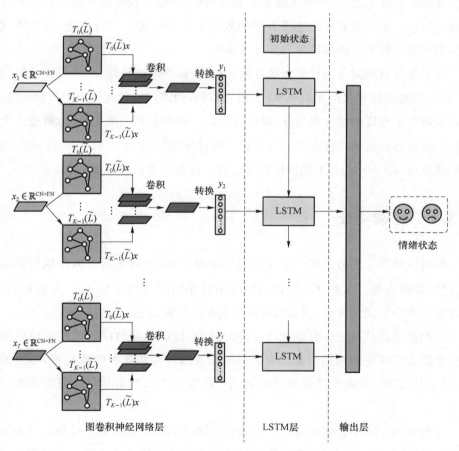

图 4-2 ECLGCNN 模型框架图

以上文献为本章的特征提取和情感识别模型的建立提供了研究思路,尤其是展示出多种深度学习模型的融合对情感分类准确率的提升,本章将尝试融合多种深度学习模型以达到更好的分类效果。

4.3　脑电信号的多维情感特征提取

脑电数据经过预处理后去除了高频噪声和整体的偏移,得到了比较干净的数据。但是由于脑电信号的信噪比较低,直接将这些脑电数据输入到情感识别模型中会导致样本维度过高,产生大量不必要的运算,进而导致情感识别模型学习样本的时间过长。所以需要从经过预处理的数据中进一步提取出情感特征,以便减小训练模型的计算量并提高模型的分类准确率。

为了充分利用脑电信号的频域特征、空间特征和时域特征,本章将切分好的长度为 T_s 的脑电信号再细化为 $0.5\,s$ 一份,通过带通滤波器分为 5 个子频段,分别提取出各通道子频段的微分熵特征,再按通道位置将映射到二维矩阵中,堆叠 5 个二维矩阵形成包含频域特征和空间特征的三维特征矩阵,从每个长度为 T_s 的脑电信号中提取出 $w\times h\times d\times 2T$ 的四维特征。特征提取的大致过程如图 4-3 所示。

4.3.1　时域特征

脑电信号在采集的过程中往往采用时域形式,因此脑电信号的时域特征获取很方便,也很直观。在脑电情感识别研究中常用的时域特征有 Hjorth 特征、分形维数特征和高阶交叉特征,主要捕捉脑电信号的时域信息。

人们情感的状态往往会维持在一段时间内,因此不同时间片段的脑电信号之间可能隐含着额外的情感信息。为了尽可能发掘并利用这种时间特征,本章采用长短期记忆网络,从卷积神经网络的输出中提取出不同脑电信号片段之间的时间信息。

本章使用 128 个长短期记忆单元的长短期记忆网络提取不同时间片段的脑电信号之间的时间信息。将不同的脑电信号片段的三维情感特征输入到卷积神经网络后,通过将卷积神经网络的输出作为长短期记忆网络的输入,经过由 128 个长短期记忆单元组成的长短期记忆网络的处理后发掘脑电信号片段之间的信息,最后一个长短期记忆单元的输出结果综合了整段脑电信号的频域、空间和时域信息。

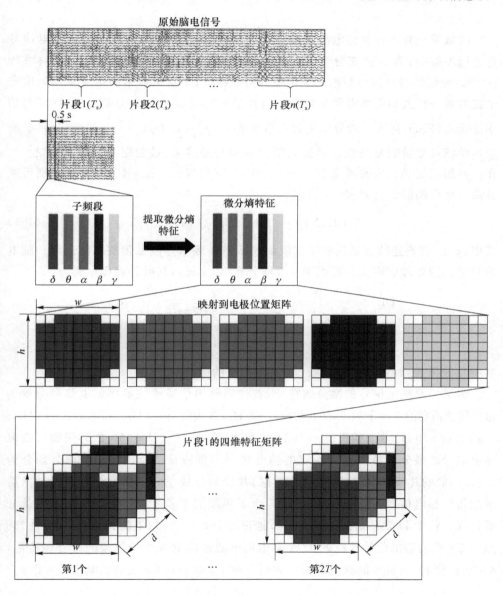

图 4-3　特征提取过程示意图

4.3.2　频域特征

　　时域特征并不包含脑电信号的频域信息,仅仅使用时域特征来分析脑电信号是远远不够的,为了更充分地利用脑电信号中的信息,研究人员引入了频域特征[19]。频域特征是脑电情感识别领域常用的特征,是指从频率的维度从脑电信号中提取对分析人类情感有用的特征。常用的频域特征包括微分熵(DE)特征和功率谱密度(PSD)特征。微分熵是香农信息熵$-\sum_x p(x)\lg(p(x))$的推广,用于衡量连续随机变量的复杂性。研究表明微分熵是最准确、最稳定的脑电特征之[20]。在一些脑电情感识别的研究中[15,21,22]表明,与其他特征相比,微分熵特征识别精度最高。微分熵的定义如式(4-1)所示:

$$DE(X) = -\int_a^b p(x)\lg(p(x))dx \tag{4-1}$$

其中,$p(x)$代表连续变量的概率密度函数,a和b表示连续变量的取值范围。脑电信号经过预处理后可认为近似服从高斯分布$N(\mu, \sigma_i^2)$,其微分熵可化简为:

$$DE(X) = -\int_a^b \frac{1}{\sqrt{2\pi\sigma_i^2}}e^{-\frac{(x-\mu)^2}{2\sigma_i^2}}\lg\left(\frac{1}{\sqrt{2\pi\sigma_i^2}}e^{-\frac{(x-\mu)^2}{2\sigma_i^2}}\right)dx$$

$$= \frac{1}{2}\lg(2\pi e \sigma_i^2) \tag{4-2}$$

其中,e是欧拉常数,σ_i表示频段i上脑电信号的标准差。

　　为了提取脑电信号的微分熵特征,首先需要用带通滤波器将脑电信号分解为富含情感信息的 5 个子频段,即 δ 频段(1~3 Hz)、θ 频段(4~7 Hz)、α 频段(8~13 Hz)、β 频段(14~30 Hz)和 γ 频段(31~45 Hz)。根据研究[12,23],从 0.5 s 的时间窗口提取脑电信号的微分熵特征是最稳定的脑电情感识别特征。所以将脑电信号划分为 0.5 s 一段的片段,60 s 的脑电信号数据,共计划分成 120 份脑电信号片段。然后求出每个脑电信号片段 32 个通道的 5 个子频段的方差 σ_i^2,带入式(4-2)求出微分熵特征。每个 DEAP 数据集的文件都能获得 160×4 800 的微分熵特征,其中 160 是 0.5 s 长的脑电信号片段的 32 个脑电通道滤波出的 5 个子频段的微分熵特征,4 800 表示 40 个 60 s 的脑电数据一共划分成 4 800 个 0.5 s 长的脑电信号片段。

4.3.3　空间特征

　　脑电信号的空间特征一般指通过脑电极帽的电极位置的空间信息。根据

Schmidt 等人的研究[24],人类大脑皮层的不同区域的生理活动会反映人类不同的情感状态,这种不同区域的大脑皮层的活动之间隐藏着空间位置信息,因此这种空间信息也是情感特征的重要补充。为了利用脑电信号的空间特征,本章将脑电极帽的电极位置转化为二维矩阵,将各通道的微分熵特征按照其物理位置映射到这个二维矩阵中,从而实现了空间特征和频域特征的结合。具体来说,分别将 5 个子频段的脑电信号中 32 个脑电通道的微分熵特征按其在电极帽上的位置分布映射到如图 4-4 所示的含有电极位置信息的矩阵中。这个矩阵将国际 10-20 系统脑电极位置转化成一个 8×9 的二维矩阵,这个矩阵中的数值代表了在当前频段下某个脑电通道的微分熵特征值。由于 DEAP 数据集在采集的过程中只采集了 32 个脑电通道,因此对未使用的脑电通道在矩阵中填入数字 0 表示。最终从每个 DEAP 数据集的文件得到了 4 800×5×8×9 的三维情感特征矩阵,4 800 表示 4 800 个 0.5 s 长的脑电信号片段。5 表示 5 个频段,8×9 即表示电极位置的二维矩阵。

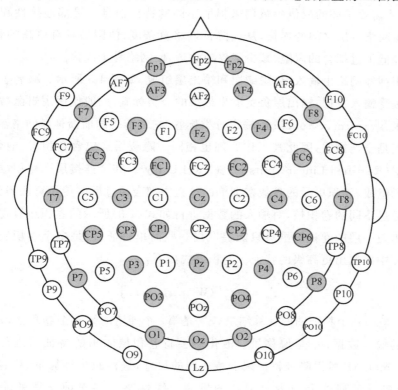

图 4-4　电极位置矩阵示意图

4.4 基于时空网络的情感识别模型

4.4.1 卷积神经网络

　　卷积神经网络是人工神经网络的一种,其最大的特点是局部连接性和权值共享性。局部连接性指一个神经元只连接到相邻层的部分神经元,也就是卷积层中的节点只和前一层的部分节点有关联,只用来学习局部特征。在卷积层中有很多特征图(Feature Map),每个特征图通过卷积核提取一种输入的特征,这里共享的权值就是卷积核,对于同一种特征,只需要一种卷积核就可以提取,只有当卷积核不同时,才需要不同的权值参数用来提取不同的特征信息。局部连接性和权值共享性减少网络各层之间的连接,从而降低网络复杂度,使网络具有更高的鲁棒性,同时又降低了过拟合的风险,减少了参数数量,使网络易于优化。

　　卷积神经网络由输入层、隐藏层和输出层组成,如图 4-5 所示。顾名思义输入层负责接受输入数据,输出层负责输出最终的分类标签,一般使用逻辑函数或归一化指数函数(Softmax Function)输出分类标签,它和传统的前馈神经网络输出层的上层一般是全连接层,因此其工作原理也相同。隐藏层又包含卷积层、池化层、线性整流层(Rectified Linear Units layer, ReLU layer)和全连接层。卷积层由若干卷积单元组成,卷积单元的参数在训练的过程中都会通过反向传播算法得到优化。卷积层通过不同的卷积核,对输入的数据进行如式(4-3)所示的卷积运算得到不同特征。单独一层的卷积层虽然只能提取出一些简单特征,但是多个卷积层可以从低级特征中提取出更高级的特征。卷积公式如下:

$$Y_n = \sum_{i=1}^{M} \left[(W_n^i * x_i) + b_n \right] \tag{4-3}$$

其中,Y_n 是第 n 个特征图的计算结果,W_n^i 是第 i 个通道的第 n 个卷积核,x_i 是第 i 个通道的输入数据,b_n 是偏移量。池化层会将卷积层输出的特征图进行下采样(Downsamping),可以降维特征减少特征图的尺寸,进而减少计算量,具有特征不变性,能在一定程度上减少过拟合的发生。线性整流层对前一层的输出使用 $f(x) = \max(0, x)$ 激活函数,增强网络的非线性特点。全连接层顾名思义,其中每一个神经元都与前一层的所有神经元相连,负责将所有特征图展开通过激活函数,结合所有局部特征得到整体特征,输出一个一维向量。

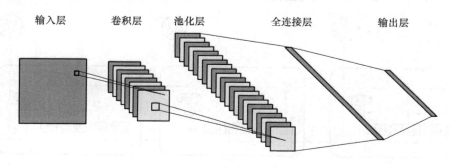

输入层　　　　卷积层　　　　池化层　　　　　全连接层　　　　　输出层

图 4-5　卷积神经网络结构图

4.4.2　长短期记忆网络

　　长短期记忆网络是时间递归神经网络的一种,具有时间递归神经网络对时间序列较强的分析能力,更重要的是解决了时间递归网络长期依赖的问题。时间递归神经网络因为具有较强的时间序列分析能力,其在自然语言处理等领域有广泛的应用,但是时间递归神经网络具有长期依赖问题,也就是说当输入的时间序列过长时,比较旧的时间段的信息容易被时间递归神经网络遗忘,越新的时间段的信息越容易影响时间递归神经网络的结果。

　　如图 4-6 展示了长短期记忆网络的基本结构,长短期记忆网络的基本块的内部门结构实现对输入的信息的增加和遗忘,具体的门结构包括输入门、遗忘门、输出门。遗忘门根据上一层 LSTM 单元的输出和本层的输入决定是否遗忘上一层 LSTM 细胞状态以及遗忘哪些内容。输入门通过 Sigmoid 函数决定对那些信息更新。然后需要进行 LSTM 单元状态更新,新的状态融合了之前 LSTM 单元的内部隐藏信息以及新输入的信息。输出门负责计算出当前 LSTM 单元的输出值和传递到下一个 LSTM 单元的信息。长短期记忆网络具体的计算公式如下:

$$i_t = \sigma(W_{qi}q_t + W_{hi}h_{t-1} + W_{ci}C_{t-1} + b_i) \tag{4-4}$$

$$f_t = \sigma(W_{qf}q_t + W_{hf}h_{t-1} + W_{cf}C_{t-1} + b_f) \tag{4-5}$$

$$c_t = f_t C_{t-1} + i_t \tanh(W_{qc}q_t + W_{hc}h_{t-1} + b_c) \tag{4-6}$$

$$o_t = \sigma(W_{qo}q_t + W_{ho}h_{t-1} + W_{co}C_t + b_o) \tag{4-7}$$

$$h_t = o_t \times \tanh(c_t) \tag{4-8}$$

$$y_t = W_{ho}h_t + b_o \tag{4-9}$$

其中,σ 表示 Sigmoid 函数,i_t 表示输入门,f_t 表示遗忘门,c_t 表示单元激活向量,o_t

表示输出门,W 表示权重矩阵,b 表示偏移量。

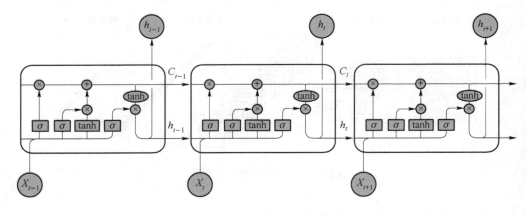

图 4-6　长短期记忆网络结构图

4.4.3　情感识别模型

　　本章设计的情感识别模型运用卷积神经网络来学习脑电信号的频域特征和空间特征,将卷积神经网络的输出作为长短期记忆网络的输入,用于学习脑电信号片段之间的时域特征。基于四维特征的情感识别模型的框架如图 4-7 所示,经过特征提取每个样本 X_n 形成了 $5 \times 8 \times 9 \times 2T$ 的四维特征,利用情感识别模型中的卷积神经网络层来学习样本的前三个维度的特征,即频域特征和空间特征,卷积神经网络将输出 $2T$ 个一维向量作为长短期记忆网络的输入,通过 LSTM 单元学习其中的时域信息,最终给出输出结果。

　　本章设计的卷积神经网络结构如图 4-8 所示,卷积神经网络有四个卷积层、一个最大池化层以及全连接层。第一个卷积层有 64 个特征图,卷积核的大小为 5×5;第二个卷积层有 128 个特征图,卷积核的大小为 4×4;第三个卷积层有 256 个特征图,卷积核的大小为 4×4;第四个卷积层有 64 个特征图;卷积核大小为 1×1;然后接一个大小为 2×2,步长 2 的最大池化层;最后将池化层的输出做张量扁平化处理输入到全连接层得到输出结果。

　　卷积神经网络中的卷积层均应用了零填充法和线性整流函数。第四层卷积层主要利用 1×1 的卷积核将前一层 256 个特征图进行融合。值得注意的是,不同于一般的卷积神经网络往往在卷积层之后是池化层,本章只在最后一个卷积层之后添加了池化层,因为输入到卷积神经网络的特征矩阵只有 $5 \times 8 \times 9$,其矩阵相对较小,因此过多的池化层会在训练过程中丢失过多的信息,从而影响到最终的分类器性能。所以本章只在最后一层卷积层之后使用池化层降低参数数量,这样既能有效降低参数数量也不会丢失过多信息。

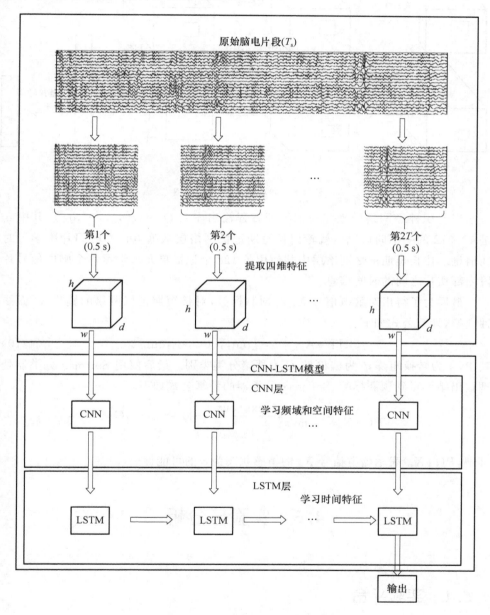

图 4-7　情感识别模型的框架结构图

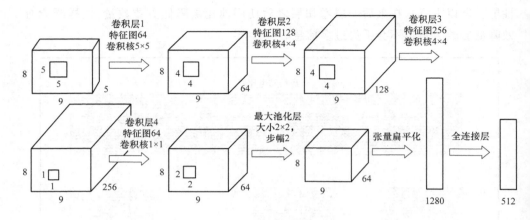

图 4-8　卷积神经网络结构图

当卷积神经网络处理完三维特征方程输出序列 $Q_n = (q_1, q_2, \cdots, q_{2r})$（其中 q_t 是 1×512 的一维向量）后，就轮到长短期记忆网络层从脑电信号时间片中学习时间信息。在长短期记忆网络层中共使用了 128 个记忆单元来学习每个脑电信号片段内部切片之间的时间信息。

最后为了得出对脑电信号 X_n 的预测标签，对长短期记忆网络的输出 y_n 做线性变换，计算公式如下：

$$\text{OUT} = \boldsymbol{A} y_n + b = [\text{out}_1, \text{out}_2, \cdots, \text{out}_C] \tag{4-10}$$

其中，$\boldsymbol{A}$ 为转换矩阵，b 为偏移量，C 为情绪分类类别。最后使用 Softmax 分类器处理输出结果得到预测标签，Softmax 分类器的计算公式如下：

$$P(c \mid X_n) = \max \left\{ \frac{\exp(\text{out}_j)}{\sum\limits_{i=1}^{C} \exp(\text{out}_i)} \,\middle|\, j = 1, \cdots, C \right\} \tag{4-11}$$

其中，$P(c \mid X_n)$ 表示脑电信号 X_n 的情感状态为 c 的可能性。

4.5　实验与分析

4.5.1　实验平台

本章实验硬件设备主要是台式计算机，具体硬件配置为：Inter(R) Core(TM) i7-6700 CPU，主频 3.4 GHz，安装内存 4 GB，搭载 64 位 Windows 7 旗舰版操作系统,主要负责运行各种实验工具软件,进行数据处理和结果输出。情感识别模型使用 Tensorflow 的 keras 模块实现,并使用 NVIDIA A40 GPU 进行训练,超参数使用情况如表 4-1 所示。

表 4-1　超参数设置

超参数名称	超参数值
batchsize	128
Adma 优化器的学习率	0.001
epochs	100

4.5.2　实验数据

DEAP 数据集[7]是由来自英国伦敦玛丽皇后大学、荷兰特温特大学、瑞士日内瓦大学和瑞士联邦理工学院的 Koelstra 等人通过实验采集到的,采集了 32 名受试者对音乐视频材料刺激的脑电信号数据,32 名受试者包含 16 名男性 16 名女性,年龄从 19 到 37 岁不等,平均年龄 26.9 岁。受试者根据对视频的主观感受进行评分以得到情感标签。在 DEAP 数据集的原始数据中,一共有 32 个文件,每个文件表示一个受试者的所有试验,每个文件有 48 个采样率为 512 Hz 的通道,除了 32 个脑电通道外,还包括 12 个外周生理通道、3 个未使用通道和 1 个状态通道,数据类型如表 4-2 所示,本章研究内容仅选用表中加阴影效果的数据。每位受试者观看 40 个不同的时长为一分钟的音乐视频片段,每次试验结束,受试者都会根据自身的对音乐视频的唤醒(Arousal)、效价(Valence)、支配(Dominance)和喜好(Liking)程度进行打分,打分分值位于 1-9 之间。本书将分值大于 5 的唤醒(Arousal)和效价(Valence)定义为高唤醒和正效价,反之为低唤醒和负效价。

表 4-2　DEAP 数据库多模态情感数据

情感数据模态
32 通道脑电信号
4 通道眼电信号
4 通道肌电信号
1 通道呼吸幅度信号
1 通道皮肤电导信号
1 通道皮肤温度信号
1 通道动脉搏动频率
1 通道面部图像信号

　　脑电信号在采集的过程中容易受到肌电和电磁信号等高频信号的干扰,此外现有研究表明脑电信号的 δ 频段(1~3 Hz)、θ 频段(4~7 Hz)、α 频段(8~13 Hz)、β 频段(14~30 Hz)和 γ 频段(31~45 Hz)五个频段与情绪和其他心理活动密切相关[7]。因此为了过滤掉高频噪音,并为后续提取的情感特征能更有利于反映情绪的状态,本文利用带通滤波器对样本的每个脑电通道都进行滤波,通过设置目标频段频率的上下限,过滤出上述五个频段。经过带通滤波器的过滤将 32 个脑电通道的数据都分解出 5 个子频段,得到 40×160×8 064 的矩阵,其中 40 仍然代表每个受试者的 40 次试验,160 则为 32 个脑电通道每个通道通过带通滤波后得到 5 个频段,8 064 表示在采样率 128 Hz 下的 63 s 脑电数据。

　　脑电信号容易受到皮肤水合、静电等因素的影响,从而导致脑电信号发生垂直方向上的偏移,这种偏移会导致后续提取出的情感特征也发生整体的偏移,最终会将这种噪声带到情感识别模型,影响最后的分类准确率。DEAP 数据集中有 63 s 的数据,其中前 3 s 是不包含情感信息的基线,因此可以用基线对后续 60 s 包含情感信息的脑电信号进行校准,从而排除皮肤水合、静电等噪声。具体来说就是将经过带通滤波的 5 个子频段的前 3 s 基线数据以 0.5 s 的长度按时间顺序切分成 6 段互不相交的片段,然后分别求出 5 个子频段各个脑电通道的 6 个基线片段的微分熵特征,计算出 5 个频段各个脑电通道在基线上的微分熵特征的平均值,将后续 60 s 的含有情感信息的脑电数据也以 0.5 s 的长度按时间顺序切分成互不相交的 120 个片段,同样求出每个片段的各频段微分熵特征,最后将这些片段各频段的微分熵特征减去对应频段的基线平均微分熵特征,从而实现脑电信号的校准。经过脑电信号的数据校准,成功去除了脑电信号中受到皮肤水合、静电等因素造成的数据噪音,得到了较为整洁的数据。

　　由于一个样本只有 40 次试验,这导致了用于训练和测试情感识别模型的数据量不够,没有充分的数据量就不足以训练模型也不能验证模型的可靠性。为了增加训练的样本数量,需要将每次试验的 60 s 脑电信号进行切分从而增大数据量,在切分数据的同时也需要对标签进行扩增,60 s 原始信号对于 1 个标签,为了使扩增后的数据仍然与原始标签一一对应,将由 60 s 原始信号切分后的信号仍然赋予原来的标签,这样就完成了对数据的扩充。然而对数据切分的时间窗口过大,会导致数据量增加较小,无法达到获得充分数据量的目的。对数据切分的时间窗口过小又会破坏脑电信号之间的时域情感特征。因此本文在试验阶段分别研究了将时间窗口设置为 1 s、1.5 s、2 s、2.5 s 和 3 s 分别对分类结果的影响。

4.5.3　基于多种脑电信号片段长度的情感识别

本章对 DEAP 数据集中每个受试者的都采用五折交叉验证,其准确率和标准差代表了情感识别模型在该受试者实验上的性能,所有受试者的平均准确率和标准差代表了本情感识别模型的最终性能。

本章情感识别模型使用经过预处理的四维特征 $X_n = R^{h \times w \times d \times 2T}$ 作为输入,在本章中 d 设置为 5,即 δ 频段(1～3 Hz)、θ 频段(4～7 Hz)、α 频段(8～13 Hz)、β 频段(14～30 Hz)和 γ 频段(31～45 Hz)五个在脑电情感识别常用的频段,根据 Shen 的研究[25],h 和 w 分别设置为 8 和 9,参数 T 对脑电信号包含的时间信息有所影响,因此研究了脑电信号长度 T 对情感识别模型精度的影响,最后本章将情感识别模型与其他传统方法进行了比较。

为了增加样本数量,本章在数据预处理的过程中将原本长 60 s 的脑电信号数据以 T_s 为时间窗口做了切分,切分成多个长度为 T_s 互不相交的脑电信号片段,由于脑电信号的时间长短影响着其中情感信息的多少,因此本章在实验中比较了不同脑电信号长度 T 对情感识别模型精度的影响。在实验中分别将脑电信号长度 T 设置为 1 s、1.5 s、2 s、2.5 s、3 s 进行了实验,实验结果如表 4-3 所示。

表 4-3　情感识别模型在 DEAP 数据集上分段长度 T 的性能

T/s	唤醒		效价	
	准确率(%)	标准差(%)	准确率(%)	标准差(%)
1	93.80	1.03	93.41	1.13
1.5	93.92	1.26	93.81	1.30
2	94.21	1.38	93.62	1.40
2.5	94.15	1.40	93.52	1.69
3	93.98	1.50	93.67	1.77

从实验结果可以看出,无论是唤醒的分类还是效价的分类,随着 T 的增大,准确率逐渐提升,标准差逐渐增大,但是这种趋势的差别并不大。在对唤醒程度的分类中,准确率最大的差别在 $T=2$ 与 $T=1$ 时产生,具体差别为 0.41%,标准差最大差别在 $T=3$ 与 $T=1$ 时产生,具体差别为 0.47%;在对效价程度的分类中,准确率最大的差别在 $T=1.5$ 与 $T=1$ 时发生,具体差别为 0.40%,标准差最大的差别在

$T=1$ 与 $T=3$ 时发生，具体差别为 0.64%。在 $T=2$ 时，唤醒和效价的分类结果达到最好，唤醒的分类平均准确率为 $(94.21\pm1.38)\%$，效价的分类平均准确率为 $(93.62\pm1.40)\%$。因此在文中的剩余部分以 2 作为本章情感识别模型参数 T 的指标。由实验结果可以看出，本章中使用的情感识别模型可以正确地从脑电信号中提取时间信息，且受脑电信号长度的影响并不大。

图 4-9 展示了本章采用的情感识别模型在 $T=2$ 时，在 DEAP 数据集上所有受试者的脑电信号对唤醒和效价的分类准确率，从实验结果可以看出，对于唤醒程度的分类，大部分的准确率都在 90% 以上，其对有效价程度的分类也是如此。

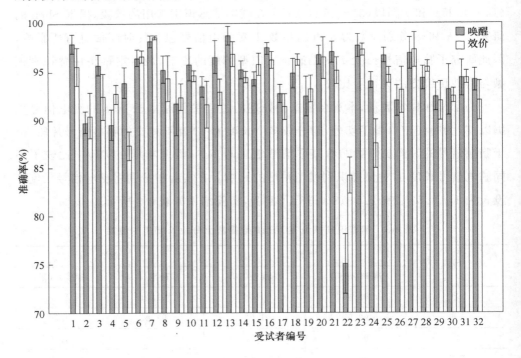

图 4-9　情感识别模型分类准确率

为了验证本章所使用的情感识别模型的优越性，本章选取了其他一些研究人员在 DEAP 数据集上所采用的脑电情感识别算法进行比较。具体来说，本章分别选用了 Yongqiang Yin 等人所采用的 ECLGCNN 算法[16]、Yilong Yang 等人所采用的 CCNN 算法[26] 和 PCRNN 算法[27]、Xiangwei Zheng 等人所采用的 CNNFF 算法[28] 和 Yi Wang 等人所采用的 EmotionNet 算法[29]，这些算法在 DEAP 数据集上唤醒的二分类和效价的二分类准确率如表 4-4 所示。

表 4-4 不同情感识别算法的分类准确率

算法	准确率(%)	
	唤醒	效价
ECLGCNN	90.60	90.45
PCRNN	91.03	90.80
CNNFF	94.04	93.61
CCNN	90.50	89.80
EmotionNet	74.26	73.40

从表 4-4 可以看出,本章使用的情感识别模型优于上述 5 个算法,其中本章使用的情感识别模型在情感中的唤醒和效价分类的准确率比 EmotionNet 高 19.95% 和 20.22%;比 CCNN 高 3.71% 和 3.82%;比 ECLGCNN 高 3.61% 和 3.17%;比 PCRNN 高 3.18% 和 2.82%;比 CNNFF 高 0.17% 和 0.01%。可以看出,本章所采用的情感识别模型的性能远远优于 EmotionNet 算法,甚至略高于这 5 种算法中最优的 CNNFF 算法的准确率。由以上比较可以看出,本章在实验中所采用的四维情感特征提取,尤其是频域特征、空间特征与时间特征的提取与组织的方法和情感识别模型的搭建对脑电信号的情感识别均是有效可行的。

本 章 小 结

本章研究和分析了基于脑电信号的情感分析方法。本章将公开的 DEAP 脑电信号数据集作为研究对象,首先在数据预处理部分通过基线数据实现对脑电信号数据的校准,对脑电信号进行了滤波得到 δ 频段、θ 频段、α 频段、β 频段和 γ 频段 5 个子频段,对脑电信号进行了切片处理增大训练样本数量。在特征提取部分提取了脑电信号各通道的各子频段的微分熵特征作为频域特征,利用脑电通道的二维矩阵将频域特征与空间特征融合到一起形成三维特征,再将时间作为另一维度,提取出四维特征。在情感识别模型方面,本章将卷积神经网络和长短期记忆网络相结合,用多个并行的卷积神经网络学习四维情感特征中的频域和空间信息,将卷积神经网络的输出作为长短期记忆网络的输入,学习脑电信号切片之间的时间信息。在此基础之上进行了针对情感状态的唤醒程度和效价程度的二分类实验,通过和其他算法的比较,验证了本章所采用的预处理方法、特征提取方法以及情感识别模型的有效性和优越性。

本章参考文献

[1] LI J, LIU G Z, GAO J. Analysis of Positive and Negative Emotions based on EEG Signal[C]// Wuhan Zhicheng Times Cultural Development Co. Proceedings of Joint 2016 International Conference on Artificial Intelligence and Engineering Applications (AIEA 2016). Atlantis Press, 2016:170-174.

[2] SUN Y, MA J H, ZHANG X Y. EEG emotion recognition based on nonlinear global features and spectral features[J]. Computer engineering and application, 2008, 54(17):116-121.

[3] WANG X H, ZHANG T, XU X M, et al. Eeg emotion recognition using dynamical graph convolutional neural networks and broad learning system [C]// 2018 IEEE International Conference on Bioinformatics and Biomedicine (BIBM), 2018, 8621147:1240-1244.

[4] 张冠华,余旻婧,陈果,等. 面向情绪识别的脑电特征研究综述[J]. 中国科学(信息科学), 2019, 49(9):1097-1118.

[5] PETRANTONAKIS P C, HADJILEONTIADIS L J. Emotion recognition from EEG using higher order crossings [J]. IEEE Transactions on information Technology in Biomedicine, 2009, 14(2):186-197.

[6] KIM M K, KIM M, OH E, et al. A review on the computational methods for emotional state estimation from the human EEG[J/OL]. http://dx.doi.org/10.1155/2013/573734, 2013-03-24.

[7] KOELSTRA S, MUHL C, SOLEYMANI M, et al. Deap: A database for emotion analysis: using physiological signals[J]. IEEE transactions on affective computing, 2011, 3(1):18-31.

[8] BOS D O. EEG-based emotion recognition[J]. The influence of visual and auditory stimuli, 2006, 56(3):1-17.

[9] ZHENG W L, LU B L. Investigating critical frequency bands and channels for EEG-based emotion recognition with deep neural networks[J]. IEEE Transactions on Autonomous Mental Development, 2015, 7(3): 162-175.

[10] KOELSTRA S, YAZDANI A, SOLEYMANI M, et al. Single trial classification of EEG and peripheral physiological signals for recognition of emotions induced by music videos[C]// International Conference on Brain Informatics. Springer, Berlin, Heidelberg, 2010: 89-100.

[11] NOVI Q, GUAN C, DAT T H, et al. Sub-band common spatial pattern (SBCSP) for brain-computer interface[C]// 2007 3rd International IEEE/EMBS Conference on Neural Engineering, Kohala Coast, 2007:204-207.

[12] DUAN R N, ZHU J Y, LU B L. Differential entropy feature for EEG-based emotion classification[C]// 2013 6th International IEEE/EMBS Conference on Neural Engineering (NER). IEEE, 2013: 81-84.

[13] 杨鹏圆,李海芳,陈东伟. Hilbert-Huang 变换在情感脑电特征提取中的应用[J]. 计算机工程与设计, 2014, 35(7): 2509-2514.

[14] ZHONG P X, WANG D, MIAO C Y. EEG-based emotion recognition using regularized graph neural networks [J]. IEEE Transactions on Affective Computing, 2020, 13(3): 1290-1301.

[15] SONG T F, ZHENG W M, SONG P, et al. EEG emotion recognition using dynamical graph convolutional neural networks [J]. IEEE Transactions on Affective Computing, 2018, 11(3): 532-541.

[16] YIN Y Q, ZHENG X W, HU B, et al. EEG emotion recognition using fusion model of graph convolutional neural networks and LSTM[J/OL]. http://doi.org/10.1016/j.aso.c.2020.106954, 2020-12-01. Applied Soft Computing, 2021, 100: 106954.

[17] 陈景霞,郝为,张鹏伟,等. 基于混合神经网络的脑电时空特征情感分类[J]. 软件学报, 2021,32(12):3869-3883.

[18] 欧阳天雄. 基于脑电信号的情感识别方法研究[D]. 北京:北京邮电大学, 2021.

[19] CONNEAU A C, ESSID S. Assessment of new spectral features for eeg-

based emotion recognition[C]// 2014 IEEE International Conference on Acoustics, Speech and Signal Processing (ICASSP). IEEE, 2014: 4698-4702.

[20] SHI L C, JIAO Y Y, LU B L. Differential entropy feature for EEG-based vigilance estimation[C]// 2013 35th Annual International Conference of the IEEE Engineering in Medicine and Biology Society (EMBC). IEEE, 2013: 6627-6630.

[21] WANG X H, ZHANG T, XU X M, et al. EEG emotion recognition using dynamical graph convolutional neural networks and broad learning system [C]// 2018 IEEE International Conference on Bioinformatics and Biomedicine (BIBM). IEEE, 2018: 1240-1244.

[22] LI J P, ZHANG Z X, HE H G. Hierarchical convolutional neural networks for EEG-based emotion recognition[J]. Cognitive Computation, 2018, 10(2): 368-380.

[23] ZHENG W L, ZHU J Y, LU B L. Identifying stable patterns over time for emotion recognition from EEG[J]. IEEE Transactions on Affective Computing, 2017, 10(3): 417-429.

[24] SCHMIDT L A, TRAINOR L J. Frontal brain electrical activity (EEG) distinguishes valence and intensity of musical emotions[J]. Cognition & Emotion, 2001, 15(4): 487-500.

[25] SHEN F Y, DAI G J, LIN G, et al. EEG-based emotion recognition using 4D convolutional recurrent neural network[J]. Cognitive Neurodynamics, 2020, 14(6): 815-828.

[26] YANG Y L, WU Q F, FU Y Z, et al. Continuous convolutional neural network with 3D input for EEG-based emotion recognition[C]// International Conference on Neural Information Processing. Springer, Cham, 2018: 433-443.

[27] YANG Y L, WU Q F, QIU M, et al. Emotion recognition from multi-channel EEG through parallel convolutional recurrent neural network [C]// 2018 international joint conference on neural networks (IJCNN). IEEE, 2018: 1-7.

［28］　ZHENG X W，YU X M，YIN Y Q，et al. Three-dimensional feature maps and convolutional neural network-based emotion recognition ［J］. International Journal of Intelligent Systems，2021，36(11)：6312-6336.

［29］　WANG Y，HUANG Z Y，MCCANE B，et al. EmotioNet：A 3-D convolutional neural network for EEG-based emotion recognition［C］// 2018 international joint conference on neural networks (IJCNN). IEEE，2018：1-7.

第5章
基于多种生理信号决策级融合的情感识别

5.1 引 言

人体生理活动受自主神经系统掌控,难以被人的主观意识支配[1]。因此,基于生理信号的情感识别具有更大的客观性。人体结构复杂,多种人体生理活动与情感状态相关,同时对应的人体表征信号多样,国内外目前用于情感识别研究的生理信号主要有脑电信号、心电信号、眼电信号、皮电信号、光电脉搏容积、呼吸信号、血氧饱和度信号、肌电信号等[2]。典型的生理信号普遍有以下特点:频率较低,稳定度差,变化幅度大,易受到不同环境各种噪音的干扰,准确测量有相当大的难度,而且信号本身对情感的变化反映较敏感。因此,不能简单地从生理信号本身进行情感识别,需要提取生理信号的一些特性参量,观察它们在不同情感状态下的变化规律从而进行情感状态的分类和识别。目前基于生理信号情感识别的研究,针对生理信号的平均识别能力,没有考虑对每种情感状态的识别能力[3]。不同情感状态变化引起相应生理信号变化的显著程度各异,常常是其中某种生理信号能更好地刻画出情感状态的变化。因此,需要结合生理信号的特征,分析生理信号对情感状态的表现力,开展生理信号对情感状态权重的确定方法的研究。

本章针对多种生理信号的决策级加权融合问题进行研究。选择与人体情感状态密切相关的生理信号,根据信号种类的不同分别建立特征提取模型,并根据相关程度删减部分情感特征。鉴于生理信号的多样性,引入基于反馈的权重确定原理,结合生理信号对情感状态的识别率,设计权重确定方法。在此基础上引入决策级加权融合,建立基于多种生理信号决策级加权的情感识别模型。

5.2　相关工作

Pinto J 等人[4]探索了几种生理信号用于沉浸式视频可视化的情感评估,该方法从心电图、皮肤电活动、血容量脉冲和呼吸传感器收集多模态数据。参与者报告基线情感状态,并通过自我评估情感体验在情感-觉醒空间中对每个视频进行自我评估。Perez-Rosero M. S. 等人[5]开发出一种有效的情感识别系统,该系统可以根据人体的生理信号,如肌电图、血容量压力和皮肤电反应等来识别和解读人的情感状态。这些信号被分析为一系列弱学习器的融合的输入。该分类方法的识别准确率为 88.1%,比传统的支持向量机分类器表现更出色,准确率提高了 17%。此外,为了避免信息冗余和由此产生的过拟合,他们还提出了一种特征减少方法,该方法基于相关分析优化每个弱学习者训练和验证所需的特征数。研究结果表明,尽管特征空间维数从 27 个减少到了 18 个,该方法的识别准确率却保持在了 85.0%左右。Li Q. 等人[6]针对多种生理信号中不同信号的分布和频率特性不同,需要将不同信号的特点进行特征提取和融合这一问题,提出了一种基于多生理信号的情感分类模型,该模型主要考虑了不同模态信号之间的异质性和相关性,以及不同信号的特征提取和融合。从脑电信号和周边生理信号中提取差分熵特征,其中周边生理信号包括心电图信号、肌电图信号等其他生理信号。将脑电信号特征制作成三维特征图,并输入神经网络以提取频率空间维度特征,同时使用长短期记忆网络从周边生理信号中提取时间特征。最后,将脑电和周边生理信号的特征进行融合,并将其输入到多模态长短期记忆网络中,以提取不同模态之间的关联并进行分类。在 DEAP 数据集上进行了实验,结果显示与单生理信号的 EEG 模型相比,该模型在情感唤醒度和情感愉悦度维度的分类准确率分别提高了 2.77%和 3.11%。Oh S. J. 等人[7]提出了一种基于生物信号传感器的情感识别方法,旨在提高个人情感反应的分类准确性。该实验获取了 53 名受试者的 6 种基本情感状态,包括呼吸信号和心率变异性信号等多种生理信号。该方法采用了新设计的基于卷积神经网络的深度学习模型,用于检测个人情感的识别精度。此外,该方法还提出了获取高分类准确度的获取参数的信号组合,并且通过比较参数的相关性发现影响准确度的主要因素,为支持情感分类结果提供依据。Bagherzadeh S. 等人[8]在情感识别研究中,使用堆叠自动编码器深度学习法对 4 种情感状态区域进行分类,包括愉快低唤醒、愉快高唤醒、不快低唤醒和不快高唤醒。该方法从 DEAP 数据库中提取了多种生理信号，包括脑电信号、肌电信号和其他外围信号，并提取频谱和时间特征。此外，该方法还从脑电信号中提取非线性特征，将这些特征以并行形式导入多个堆叠自动编码器，以初步分类唤醒-愉快平面中的 4 个情感区域，分类的最终决定采用多数投票法。从唤醒-愉快平面分类 4 个情感区域的平均准确率，即低唤醒低愉快、低唤醒高愉快、高唤醒高愉快和高唤醒低愉快，达到了 93.6%。Nakisa B. 等人[9]使用小型化可穿戴设备进行情感识别，研究了一种融合生理信号的方法，考虑到不同生理信号之间的情感信息和时间结构，提出了一种具有深度学习模型的时空多模态融合方法，以捕捉脑电信号和血容量脉冲信号之间的非线性情感相关性并提高情感分类性能。使用早期融合和晚期融合两种不同的融合方法评估了所提出模型的性能。具体来说，使用卷积神经网络长短期记忆模型融合脑电信号和血容量脉冲信号，通过单个深度网络学习每个模态之后，将时空多模态深度学习模型的性能在智能可穿戴设备上获取的数据集上进行验证，并与最近研究的结果进行比较。实验结果表明，基于早期和晚期融合方法的时间多模态深度学习模型成功将人类情感分类为 4 个维度的情感象限之一，准确率分别为 71.61% 和 70.17%。Awan A. W. 等人[10]考虑到生理信号的非线性和噪声的影响，准确分类生理信号在情感绘图方面仍然具有挑战性。其中，愉悦和兴奋是情感检测的两个重要状态。该文章提出了一种新的集成学习方法，基于深度学习对包括高愉悦高兴奋、低愉悦低兴奋、高愉悦低兴奋以及低愉悦高兴奋 4 种不同情感状态进行分类。在所提出的方法中，多生理信号用带通滤波和独立分量分析进行预处理以去除脑电信号中的噪声，使用离散小波变换进行时域到频域的转换。离散小波变换的结果是生理信号的谱图，然后使用堆叠自编码器从这些谱图中提取特征。自编码器的瓶颈层得到一个特征向量，将其馈送给三个分类器支持向量机、随机森林以及长短期记忆，最后进行多数投票作为集成分类。

5.3 生理信号归一化处理

不同的人在相同情感状态下的个体取值依然有较大的差异，正是由于个体取值的差异以及不同量纲的影响，采集到的数据很难在同一个标准下进行研究分析。为了研究不同人的生理信号与情感状态之间的关系，需要去除每个被试者信号的基础水平差异,也就是个体差异性,才能研究出生理信号的某些内在特征随着情感状态不同产生的变化。数据归一化是数据预处理的一个步骤,将数据经过一定的转换,限制在一定范围之内。归一化也可以方便后续的数据处理,并让算法在运行过程中更快地完成。

在本章的研究工作中,要先对数据进行归一化处理,保证在统一标准下进行对比分析,这样得出的结果更加有说服力。具体的操作就是将某个被试者在不同情感状态下的数据分别与对应的平静状态下的数据均值相减,得到的数据便去除了个体差异,即对数据进行归一化。本章实验采用基值归一化方法,具体归一化公式如式(5-1)所示。其中,X_n 代表第 n 个被试者的数据样本,$\overline{X}_n$ 为该被试在平静状态下的数据均值,将 X_n 减去各自的均值 $\overline{X}_n$ 就得到归一化后的数据样本 $\widetilde{X}_n$:

$$\widetilde{X}_n = X_n - \overline{X}_n \tag{5-1}$$

5.4　生理信号特征分析

在模式识别问题中,有效特征的提取是决定分类成败的关键。当分类的目的确定之后,如何找到合适的特征就成为识别的核心问题。由被识别对象产生出一组基本特征,可以是计算出来或者测量出来,这样产生出来的特征叫作原始特征[11]。有些原始测量就可以作为原始特征,而有些情况则不然,例如生理信号的原始测量是各种波形,需要经过计算产生一组原始特征。关于生理信号的特征提取方法有很多种,主要有时域分析方法、频域分析方法、时频分析方法等。各种方法各有优缺点,不同的方法适用于不同的研究场景,如果仅仅对生理信号进行时域分析或者频域分析可能都无法完全地表达出其特性。一方面,对生理信号进行时域分析时,很多特征信息是用波形描述的,仅考虑信号在时间上的分辨率而没有考虑信号在频率上的分辨率。另一方面,对生理信号的频域分析无法得到局部特征,且生理信号是非平稳信号,不符合功率谱估计对信号的要求是平稳的前提。因此,将时间和频率结合起来对生理信号进行处理的方法,在时域和频域上都有良好的局部化分析,可以提供信号结构及特性方面全面且准确的信息[12]。

5.4.1　时域分析

生理信号的分析最早开始于研究人员对信号提取时域的波形特征,能够直观地显示生理信号的物理意义。基于时域分析的生理信号分析方法,主要是利用波形的性质,根据数理统计特征参数来进行分析,常用的分析途径有信号幅度、信号峰值、信号的均值以及信号方差等。此外,在时域上对信号进行一阶差分处理可以检测局部极值点,进行二阶差分处理可以检测局部拐点。通过时域分析生理信号的最大优势在于分析过程简单,并且时域波形包含生理信号的全部信息,损失信息较少。在时域中可提取信号的中值、均值、标准差、最小值、最大值、最大最小差值等统计特征,或者将信号进行一阶差分、二阶差分计算后提取以上相同的统计特征。综上所述,在提取生理信号的时域特征过程中,涉及的计算公式如下所示。

(1) 均值:反映信号在统计时段内的平均水平。

$$\mu_x = \frac{1}{N}\sum_{n=1}^{N} X_n \tag{5-2}$$

(2) 标准差:反映信号在统计时段内的离散程度。

$$\sigma_x = \sqrt{\frac{1}{N-1}\sum_{n=1}^{N}(X_n - \mu_x)^2} \tag{5-3}$$

(3) 最大值:反映信号在统计时段内的峰值。

$$X_{\max} = \max_{n=1}^{N} X_n \tag{5-4}$$

(4) 最小值:反映信号在统计时段内的最低值。

$$X_{\min} = \min_{n=1}^{N} X_n \tag{5-5}$$

(5) 最大小值之差:

$$X_d = X_{\max} - X_{\min} \tag{5-6}$$

(6) 一阶差分:反映信号在统计时段内的变化速度。

$$\Delta X_n = X_{n+1} - X_n \tag{5-7}$$

(7) 一阶差分均值:反映信号在统计时段内的平均变化速度。

$$\Delta\mu_x = \frac{1}{N-1}\sum_{n=1}^{N-1}(X_{n+1} - X_n) \tag{5-8}$$

(8) 一阶差分标准差:反映信号在统计时段内的变化速度的离散程度。

$$\Delta\sigma_x = \sqrt{\frac{1}{N-2}\sum_{n=1}^{N-1}\left[(X_{n+1} - X_n) - \Delta\mu_x\right]^2} \tag{5-9}$$

(9) 一阶差分最大值:反映信号在统计时段内变化速度的峰值。

$$\Delta X_{\max} = \max_{n=1}^{N-1} \Delta X_n \tag{5-10}$$

(10) 一阶差分最小值:反映信号在统计时段内的变化速度的最低值。

$$\Delta X_{\min} = \min_{n=1}^{N-1} \Delta X_n \tag{5-11}$$

（11）一阶差分绝对值：

$$\Delta X_n = |X_{n+1} - X_n| \tag{5-12}$$

（12）一阶差分绝对值均值：

$$\Delta \mu_x = \frac{1}{N-1} \sum_{n=1}^{N-1} |X_{n+1} - X_n| \tag{5-13}$$

（13）一阶差分绝对值标准差：

$$\Delta \sigma_x = \sqrt{\frac{1}{N-2} \sum_{n=1}^{N-1} \left[|X_{n+1} - X_n| - \Delta \mu_x \right]^2} \tag{5-14}$$

（14）二阶差分：反映信号在统计时段内的变化加速度。

$$\Delta^2 X_n = X_{n+2} - X_n \tag{5-15}$$

（15）二阶差分均值：反映信号在统计时段内的平均变化加速度。

$$\Delta^2 \mu_x = \frac{1}{N-2} \sum_{n=1}^{N-2} (X_{n+2} - X_n) \tag{5-16}$$

（16）二阶差分标准差：反映信号在统计时段内的变化加速度的离散程度。

$$\Delta^2 \sigma_x = \sqrt{\frac{1}{N-3} \sum_{n=1}^{N-2} \left[(X_{n+2} - X_n) - \Delta^2 \mu_x \right]^2} \tag{5-17}$$

（17）二阶差分最大值：反映信号在统计时段内变化加速度的加峰值。

$$\Delta^2 X_{\max} = \max_{n=1}^{N-2} \Delta^2 X_n \tag{5-18}$$

（18）二阶差分最小值：反映信号在统计时段内的变化加速度的最低值。

$$\Delta^2 X_{\min} = \min_{n=1}^{N-2} \Delta^2 X_n \tag{5-19}$$

（19）二阶差分绝对值：

$$\Delta^2 X_n = |X_{n+2} - X_n| \tag{5-20}$$

（20）二阶差分绝对值均值：

$$\Delta^2 \mu_x = \frac{1}{N-2} \sum_{n=1}^{N-2} |X_{n+2} - X_n| \tag{5-21}$$

（21）二阶差分绝对值标准差：

$$\Delta^2 \sigma_x = \sqrt{\frac{1}{N-3} \sum_{n=1}^{N-2} \left[|X_{n+2} - X_n| - \Delta^2 \mu_x \right]^2} \tag{5-22}$$

5.4.2　频域分析

生理信号的变化没有特定的规律性，随机性很强。因此，有些信息在时域上不能观察到,需要从频域上分析。基于频域分析的生理信号分析方法,主要是通过生理信号的功率谱特征数据进行分析,该方法可以提升观察生理信号变化规律的能力。频域分析最重要的分析方法是功率谱估计,通过对生理信号进行功率谱估计可以观察到它的各频率成分以及相对强弱,从而可以反映出作为随机信号重要特征之一的信号的节律。在信号处理中,可通过傅里叶变换(Fourier Transform,FT)[13]将时域的信号投影到频域上,然后进行特征的提取,实质是时域信号不同层面的刻画。有限长序列可以在频域也离散化成有限长序列,但计算量非常大,很难实时处理问题,所以引出快速傅里叶变换(Fast Fourier Transform,FFT),FFT 是离散傅里叶变换的快速算法,将离散傅里叶变换的运算量减少了几个数量级。快速傅里叶变换利用对称性和周期性,把长序列的离散傅里叶变换依次分解成一系列短序列的离散傅里叶变换,以短点数变换来实现长点数变换,最终使运算效率得到提高。

本章对生理信号进行快速傅里叶变换,然后提取有用的频域信息作为情感特征。

5.5　脑电信号特征提取

脑电图是由电极帽等工具记录下来的大脑神经细胞群自发性、节律性的电活动,是一种重要的生物电信号[14]。脑电图是由人体大脑神经元细胞在释放生物电能的过程中其突触后电位所产生的细胞外场电位的总和[15],可以通过反应神经元的活动信息从而折射出个体的生理和心理的关系。在一般情况下,脑电信号可以分为两种产生方式:第一种是来自大脑的自发的脑电波信号,即无需任何外部刺激,大脑自动产生的电位改变;第二种是大脑受到外界诱发刺激所产生的脑电信号,即通过外界的图片、视频等信号,诱发大脑产生的电位改变[16]。在脑电信号采集过程中,电极的摆放区域需要根据国际标准导联 10-20 系的标准进行,根据不同采集脑电的电极数量,可以分为 16,32,64,128 导路电极分布,本章选用的数据库利用 32 导联电极帽采集脑电信息。

5.5.1　脑电信号的预处理

为了获取优质的脑电信号,需要去除信号中的噪声,这也是提取脑电信号特征的关键步骤。在本章中,脑电信号预处理流程如图 5-1 所示。

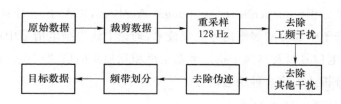

图 5-1 脑电信号预处理流程

1. 脑电信号的降噪处理

脑电信号通过采集电极帽获得的电信号经放大器放大[17]，得到的并非可以直接使用的信号，此时的脑电信号中包含有用信号外和诸多源自大脑皮层之外的噪声干扰和伪迹。脑电信号包含的伪迹、干扰以及相应处理方法如下所示。

（1）工频干扰

我国电压的频率为 50 Hz，电源周围会形成电磁辐射，进而对脑电信号的采集造成影响。除此之外，实验环境中可能存在其他导致电场磁场变化的原因，例如，手机等电子设备同样也会对脑电信号的采集造成影响[18]。对脑电信号使用 2～48 Hz 的带通滤波器进行滤波操作，可以消除工频干扰。

（2）其他干扰

实验中，当电极帽与头皮接触的情况发生改变，使得采集过程中阻抗值发生变化，从而引起采集信号的变化，这也会造成不可避免的干扰。剔除脑电信号中波幅大于 $\pm70~\mu V$ 的信号段，可以消除其他干扰。

（3）眼电伪迹

眼电伪迹是指眼角膜和视网膜之间产生的电势差，包括眨眼、眼部运动以及眼周肌肉活动产生的电信号，当眼睛和眼周组织保持完全静止时，脑电信号不会受到影响，它的频率分布在 0～15 Hz[19]。

（4）肌电伪迹

肌电伪迹是指肌肉细胞处于活动性状态时所记录的电位变化，在脑电信号采集的过程中，被测试者面部、颈部有大幅度动作，如微笑、张嘴、吞咽等，都会使得采集信号中混入肌电干扰，频率值较高[20]。

（5）心电伪迹

心电伪迹是指每一次产生心脏跳动的心肌所引发的电活动，心电干扰十分普通且会被误认为是脑电信号中的尖波活动。因此，在脑电信号采集过程中，会多采集一路心电信号方便将脑电信号中的心电干扰去除，心电信号频率为 1 Hz 左右。

独立分量分析(Independent Component Analysis,ICA)是一种将信号分解为相互独立的若干个成分的多维信号处理技术,理论上认为脑电信号中的肌电信号、心电信号、眼电信号以及其他干扰信号都是由相互独立的信源产生。因此,可以通过独立分量分析法去除 3 种伪迹信号。

2. 脑电信号的频带划分

脑电图通常表述为有节律性的活动和瞬变,节律性的活动以波段的频率来划分,通常划分为 δ(Delta,$0.1 \sim 4$ Hz)、θ(Theta,$4 \sim 8$ Hz)、α(Alpha,$8 \sim 13$ Hz)、β(Beta,$13 \sim 30$ Hz)和 γ(Gamma,$31 \sim 100$ Hz)5 个频带[21,22]。δ 波主要出现在儿童以及成人的睡眠状态下,是正常儿童的主要节律,对成人来说,意识清晰时很少观察到。θ 波一般出现在少年($10 \sim 17$ 岁)的脑电图中,意识清醒的正常成年人会呈现出少量且低幅度的 θ 波。α 波当大脑处于清醒或者放松的状态下时振幅最大,频繁地出现,而当人睁眼、思索问题或是有外界干扰时,则无法出现。γ 波与注意力、物体识别及一些条件下的感知绑定有密切的关系,当人进行某些精神活动时,如进行感知时会呈现增强趋势。β 波出现于正常人大脑皮层呈现兴奋状态时,β 波不受睁眼和闭眼的影响,适合作为情感识别的研究对象。使用小波包将脑电信号按照频带进行分解,可以得到 θ、α、β,本章选用 β($13 \sim 30$ Hz)频段下的数据序列,进行脑电信号的特征提取与选择。

经过多步预处理操作后,得到用于脑电信号特征提取与选择的优质信号。其中,Fp1 通道脑电信号经过预处理前后的效果对比如图 5-2～图 5-5 所示。

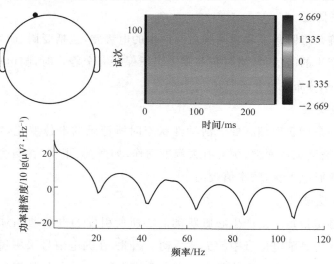

图 5-2 原始 Fp1 通道脑电信号频域信息

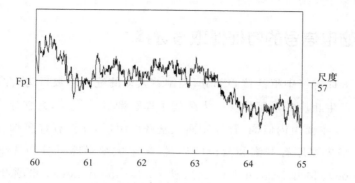

图 5-3　原始 Fp1 通道脑电信号时域信息

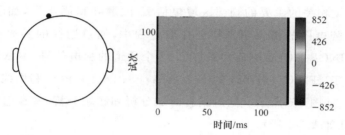

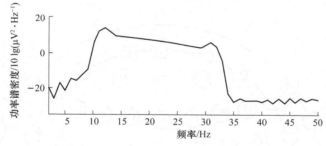

图 5-4　目标 Fp1 通道脑电信号频域信息

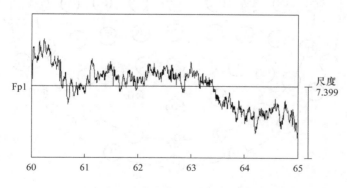

图 5-5　目标 Fp1 通道脑电信号时域信息

5.5.2 脑电信号的特征提取与选择

大脑是人体神经中枢的核心部分,控制着人体的绝大多数行为,并对外界的各种刺激信号产生相应的情感反应。大脑的生理解剖显示[23,24],大脑分为左、右两个半球,每个半球主要由内侧面、背外侧面及基底面组成,并伴有许多沟、裂以及回结构。根据大脑皮层原有的沟和假设的界线,每个大脑半球可分为 4 个部分:额叶(Frontal Lobe)、顶叶(Parietal Lobe)、枕叶(Occipital Lobe)和颞叶(Temporal Lobe)。情感的生理产生机制是一个极其复杂的过程,需要大脑不同区域之间的协调,与情绪知觉相关的主要的脑部区域包括额叶、颞叶和顶叶[25],如图 5-6 所示。此外,在基于脑电图的情感识别特征提取过程中,通道选择的必要性已经被证实[26]。MAHNOB-HCI 数据库共采集了 32 个通道的脑电信号,本章选择左半球的 Fp1、FC5、T7、P7、O1,右半球的 Fp2、AF4、F8、T8、P4、PO4 和中线上的 Oz,共计 12 个通道,如图 5-6 所示。同时结合时域分析和频域分析,本章选择的脑电信号时频域特征如表 5-1 所示。

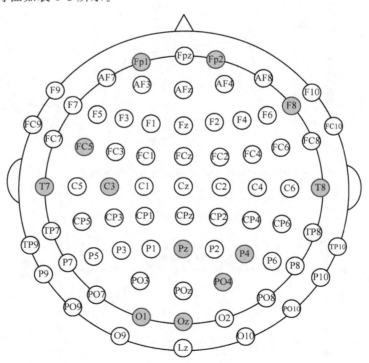

图 5-6　脑电通道选择示意图

表 5-1 脑电信号情感特征列表

时域特征	频域特征
β 波的均值、标准差	β 波功率谱密度的最大值

综上所述,基于脑电信号的情感特征提取与选择,得到一个 36 维的特征向量如下:

$$\boldsymbol{F}_1 = (f_{11}, f_{12}, \cdots, f_{1,36})$$

5.6 心电信号特征提取

心电是心脏在机械的收缩和舒张活动时引起心肌细胞激动,从而涌现出的生物电流。这些生物电流经过导电组织传达至人体的表面,可在人体表面的不同部位之间形成电位差。心电的变化是心肌细胞电活动的综合反映[27,28]。人体内由窦房结发出的一次电兴奋,按一定的途径和时程,传向房室结,引起整个心脏细胞的兴奋,使心脏有节律地周期性收缩,推动和维持全身血液循环的正常运转。心电变化在每一个心动搏动周期中表现的途径、方向、时间和次序等,在心脏各部分兴奋过程中都呈现出一定的规律,导致身体各部分在心动搏动周期中也伴随有类似规律的电位变化过程。因此,心电信号的生理指标存在着一定的规律性。心电图不但可以反映人体心脏的工作状况,还可以在一定程度上反映人的情感状态[29,30]。在人处于激动的状态时,血液循环会明显加快,血压、心率和血管容积会发生变化。例如,当人处于吃惊和恐惧的状态时,心率会加快,血压会升高,血管容积则降低。心电图不仅可以提供心跳频率这一特征,还可以提供心率变异性等更多更详细的心电节律特征。此外,心电信号不受人的主观意识的支配,可较为客观地反映出人的情感状态。

5.6.1 心电信号的预处理

为了获取优质的心电信号,需要去除信号中的噪声,这也是提取心电信号特征的关键步骤。在本章中,心电信号预处理流程如图 5-7 所示。

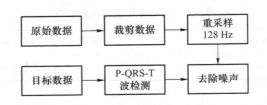

图 5-7　心电信号预处理流程

1. 心电信号的降噪处理

心电信号是一种弱电信号，信噪比低，频率一般在 0.05～100 Hz，并且其 90% 以上的能量集中在 0.5～45 Hz。心电信号的微弱性导致其常会受到来自心脏电刺激以外各种噪声的干扰，掩盖真实的信号表现，从而影响最后基于心电的生理学分析，心电信号包含的噪声来源一般有以下几类[31]。

（1）工频干扰

工频干扰是由电路的供电装置与人体的分布电容共同引起的，包括 50 Hz 及其各次谐波分量，干扰的幅值最大可达到心电幅值峰值的 50%。工频干扰噪声会使信号的信噪比大大降低，甚至还会淹没有用信号，是对心电信号影响最大的噪声。

（2）基线漂移

在心电图采集记录中，由于电极电阻变化、心电放大器的直流偏置漂移、人体呼吸以及肌肉缓慢运动等都会产生基线漂移干扰。其范围为 0.05～5 Hz，主要分量集中在 0.1 Hz 左右，属于低频干扰[32]。

（3）电极接触噪声

测量人体生理信号时，可能由于人体肌肤与检测系统的电极接触不良造成干扰。这种噪声有可能是瞬时性的，并存在多种引发原因。可以认为电极接触噪声是一个随机发生的快速基线改变，这种改变发生一次产生一个阶跃干扰。

（4）人为运动

人为运动造成的干扰也是一种瞬时性的基线变化，由电极在移动过程中与人体肌肤之间的阻抗值的变化引起。人为因素造成的噪声干扰的波形形状和周期性正弦信号很相似，它的峰值以及信号持续时间不断变化，而且幅值一般在几十毫伏左右。

（5）肌电干扰

肌电干扰是由人体肌肉的颤动引起的，由于肌肉运动很微小，一般只有毫伏级别的电势,因而肌电干扰的基线通常在很小的电压范围内,不能很明显地观测到。频带范围为 0～1 000 Hz,主要能量都集中在 30～300 Hz。

传统基于傅里叶变换的方法主要是通过频域范围内的处理进行降噪,当心电信号的某些正常波形在频域范围内与噪音重叠时,无法实现噪声和信号的有效分离。小波分析方法是新出现的信号时间-频域分析方法,相对带宽恒定,具有多分辨率的特点,能够很好地处理心电信号所面对的噪声。因此,本章使用基于 db6 小波基函数的 8 尺度小波变换对心电信号进行降噪处理。

2. 心电信号的 P-QRS-T 波检测

心电信号的生理指标存在着一定的规律性,所有的心电波形都包含了几个基本波形,每次心脏兴奋时 P-QRS-T 波都会出现,有时在 T 波后还会出现一个 U 波[33],图 5-8 是一个典型的心电波形。心率变异性(Heart Rate Variability,HRV)指前一个 ECG 周期中的 R 波峰距离下一个 ECG 周期中的 R 波峰所持续的整段时间的变化情况,描述两次连续心跳之间的变化,表现为窦性心律的速率。

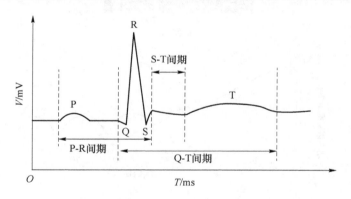

图 5-8　典型心电图结构

R 波是心电信号中能量最大的部分,把分解信号中能量较大作为检验依据,并通过阈值法检测出 R 波波峰。将心电信号中高频信号的平均值设定为阈值 δ_1,将阈值 δ_1 的 1/2 设定为阈值 δ_2,对高频信号进行扫描,信号幅度值超过阈值 δ_1 的位置标记为 R1,低于阈值 δ_2 的位置标记为 R2,则在 R1 和 R2 之间必有一个 R 波波峰。在距离 R 波 23%～42% 之间,可以检测到的最大值就是 T 波,距离 R 波 76%～90% 处,可以检测到的最大值就是 P 波。

经过多步预处理操作后,得到用于心电信号特征提取与选择的优质信号。其中,ECG3 通道心电信号经过预处理前后的效果对比如图 5-9～图 5-12 所示。

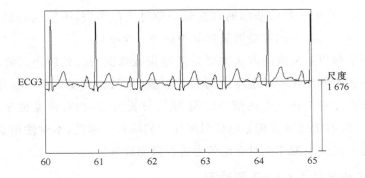

图 5-9　原始 ECG3 通道心电信号时域信息

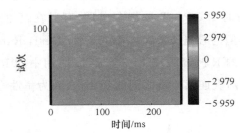

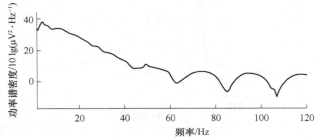

图 5-10　原始 ECG3 通道心电信号频域信息

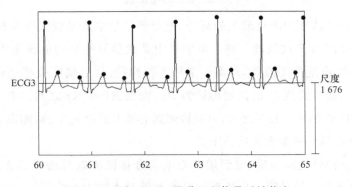

图 5-11　目标 ECG3 通道心电信号时域信息

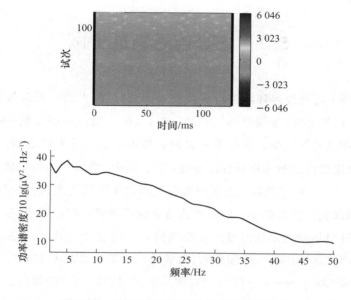

图 5-12 目标 ECG3 通道心电信号频域信息

5.6.2 心电信号的特征提取与选择

MAHNOB-HCI 数据库共采集了 3 个通道的心电信号,本章选择了 3 个通道。在准确定位 P-QRS-T 波后,还需进行时域分析和频域分析,本章选择的心电信号时频域特征如表 5-2 所示。

表 5-2 心电信号情感特征列表

时域特征	频域特征
R 波波幅的均值、标准差; P 波波幅的均值、标准差; T 波波幅的均值、标准差; HRV 波波幅的均值、标准差	HRV 波功率谱密度的均值、标准差、最大值

综上所述,基于心电信号的情感特征提取与选择,得到一个 33 维的特征向量如下所示:

$$\boldsymbol{F}_2 = (f_{21}, f_{22}, \cdots, f_{2,33})$$

5.7　呼吸信号特征提取

呼吸是指人体与外界环境进行气体交换的总过程,人的呼吸过程包括三个互相联系的环节:外呼吸,包括肺通气和肺换气;气体在血液中的运输;内呼吸,组织细胞与血液间的气体交换。外呼吸的时候机体不断地从外界环境摄入氧气,进行新陈代谢,供应机体能量和维持身体温度,外呼吸同时会将产生的二氧化碳排出体外减少干扰[34]。人的呼吸运动主要分为吸气运动和呼气运动,前者引起胸腔轮廓扩大,后者引起胸腔轮廓缩小。呼吸模式分为腹式呼吸和胸式呼吸,正常成年人自由呼吸时的呼吸运动通常是由腹式呼吸和胸式呼吸混合组成,只有在其中一种模式受到阻碍时才表现出单一呼吸模式,而婴幼儿主要呈现腹式呼吸[35]。

呼吸信号(Respiration,RSP)由胸/腹腔扩张运动时的呼吸幅度和呼吸频率组成,将带有传感器的弹性尼龙带绕在人体胸/腹部,在呼吸过程中,通过测量由电压增减量表示呼吸绑带的伸缩量,从而获得呼吸信号。在一般情况下,标准的呼吸信号分为 4 种,即呼气、呼气末、吸气、不规则状态,分别表示为 EX、EOE、IN、IRR[34],其信号分布特点如图 5-13 所示,是典型的非平稳信号。呼吸信号涉及的指标较多,主要包括呼吸幅度、呼吸频率、动脉血气、潮气量、呼吸节律、肺活量以及普通胸片等。呼吸幅度(Respiration Amplitude,RV)是指呼吸运动时胸廓上下起伏的变化程度,代表被试者每次呼吸时的吸气呼气量,是呼吸作用一个关键的参数,其中蕴含着丰富的内在生理信息,并且测量相对简单[36]。呼吸信号对识别情感状态非常重要,随着情感状态的变化,呼吸系统的活动在速度和深度上会有所改变。当人处于高兴、愤怒或害怕的情感状态时,呼吸往往深沉而快;当处于紧张的情感状态时,呼吸往往肤浅而急促[37]。因此,呼吸信号能够揭示情感的变化情况,可以通过提取呼吸信号的特征参数来识别情感状态。

5.7.1　呼吸信号的预处理

为了获取优质的呼吸信号,需要去除信号中的噪声,这也是提取呼吸信号特征的关键步骤。在本章中,呼吸信号预处理流程如图 5-14 所示。

在实际应用中,因实验条件限制以及各种记录仪的客观因素,采集到的呼吸信

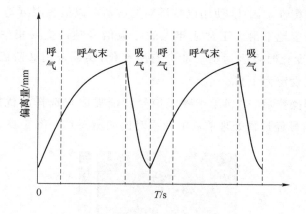

图 5-13 呼吸信号波形图

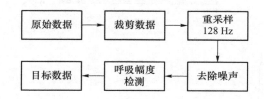

图 5-14 呼吸信号预处理流程

号数据中存在着一些干扰和噪声,来源一般有以下几类。

(1)基线漂移

表现为一种由多种原因引起的低频干扰,原因包括电极电阻的变化、导线的连接和流经人体的寄生电流等。基线漂移是特有的在运动条件下的低频干扰,比较难处理。

(2)工频干扰

一般由交流电源引起,且在给定的检测环境中频率固定不变,波形较规则,通常采用工频陷波器来加以消除。

(3)肌电干扰

一般由肌肉颤动引起,由于被试者的原因以及客观条件限制,肌电干扰无法避免。肌电基线通常在一个很小的电压范围内,一般不明显,可认为是瞬时发生的高斯零均值的高频噪声,其干扰信息可由方差和持续时间来估计,其中部分频带与信号重叠。

巴特沃斯滤波器可以在通频带内最大限度地平坦频率响应曲线,而在阻带范围内可以使之逐渐下降为零,并且在斜率衰减、加载特性和线性相位 3 个特性上都表现出较好的均衡性。因此,使用巴特沃斯滤波器可以最大限度地去掉各种干扰,实现曲线最大限度地平滑。正常成年人的呼吸信号频谱主要集中在 0.35 Hz 以下[38],考虑情绪变化时呼吸运动可能会有所变化,实际采用 3 阶巴特沃斯滤波器的低通截止频率设定为 1 Hz。

经过预处理操作后,得到用于呼吸信号特征提取与选择的优质信号。其中,RSP 通道呼吸信号经过预处理前后的效果对比如图 5-15～图 5-18 所示。

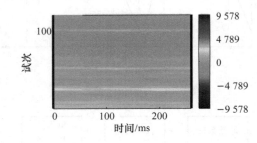

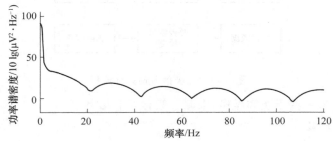

图 5-15 原始 RSP 通道呼吸信号频域信息

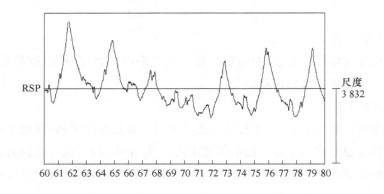

图 5-16 原始 RSP 通道呼吸信号时域信息

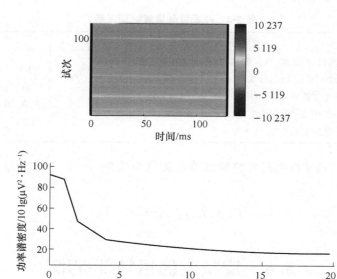

图 5-17　目标 RSP 通道呼吸信号频域信息

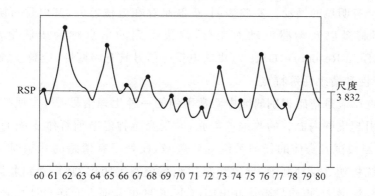

图 5-18　目标 RSP 通道呼吸信号时域信息

5.7.2　呼吸信号的特征提取与选择

　　MAHNOB-HCI 数据库共采集 1 个通道的呼吸信号,本章选择 1 个通道。在时域上对呼吸信号进行一阶差分和二阶差分处理,一阶差分可以用来检测信号局部的极值点,二阶差分可以用来检测信号局部的拐点。同时结合时域分析和频域分析,本章选择的呼吸信号时频域特征如表 5-3 所示。

表 5-3　呼吸信号情感特征列表

时域特征	频域特征
RV 波的中值、均值、标准差、最大值、最小值、最大小值之差； RV 波一阶差分的中值、均值、标准差、最大值、最小值、最大小值之差； RV 波一阶差分绝对值的均值、标准差； RV 波二阶差分的中值、均值、标准差、最大值、最小值、最大小值之差； RV 波二阶差分绝对值的均值、标准差	RV 波功率谱密度的中值、均值、标准差、最大值、最小值、最大小值之差

综上所述,基于呼吸信号的情感特征提取与选择,得到一个 28 维的特征向量如下所示:

$$F_3 = (f_{31}, f_{32}, \cdots, f_{3,28})$$

5.8　皮肤电信号特征提取

在人的皮肤的两个不同的点贴上正极和负极贴片,然后连接到高灵敏电表上,电表指针会有明显的摆动。实验表明,皮肤是存在电位差的,其电位可随视觉、听觉、触觉等刺激以及情感波动而变化,采集得到的信息称为皮肤电反应信号(Galvanic Skin Response,GSR)。皮肤电反应信号具有周期性、应激性、反应性、适应性、条件性和情感性等特点。

皮肤电反应是情感识别研究中经常用到的一种生理信号[39],该现象依赖自主神经活动引起皮肤内血管的收缩或舒张,并受交感神经节前纤维支配的汗腺活动变化[40]。当被试者身体的任何系统受到刺激,或处于有情感的状态时,被试者的内分泌系统将随之受到刺激,导致交感神经系统发生变化,血管受到刺激舒张,且皮肤汗腺分泌增大,也将导致皮肤电阻减小,皮肤电导增大。而当被试者受到的刺激减少或情绪稳定后汗腺分泌逐渐减少时,皮肤电导会下降到正常水平[41,42]。因此,皮肤电反应信号可以被用来作为研究情感变化的一个生理指标[43]。

被试者在平静状态下的皮肤电反应水平称为皮肤电反应基础水平,皮肤电反应基础水平与个体特征有密切关系,不同被试者的基础水平会有所不同。基础水平越低的被试者,越开朗、外向、自信、心理适应性越好,心态比较平和;基础水平越高的被试者,越内向,容易紧张、焦虑不安、情绪不稳定、过度敏感。不同被试者存在个体差异,同一被试者在同样状态下其皮肤电也不完全相同。影响皮肤电基础水平的因素主要有以下 3 个[44]:①唤醒水平;②活动;③温度。

5.8.1 皮肤电信号的预处理

为了获取优质的皮肤电信号,需要去除信号中的噪声,这也是提取皮肤电信号特征的关键步骤。在本章中,皮肤电信号预处理流程如图 5-19 所示。

皮肤电反应信号是生物电信号,因此电压或电流非常微弱,这使得外界很微弱的干扰经过放大器后会产生很大的干扰,甚至淹没有用信号。采集过程中的干扰主要有基线漂移、其他生理信号干

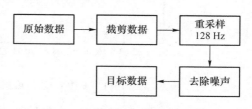

图 5-19 皮肤电信号预处理流程

扰、电极接触噪声、电磁干扰及运动伪差等。对于上述干扰,测试时要尽量避免,不能避免的干扰只能在采集后进行信号预处理来加以矫正。预处理主要包括滤波、去除基线和无用信息以及平滑处理。

人体皮肤电反应信号有效频率范围在 $0.02 \sim 0.2$ Hz 之间,噪声有效频段都远远高于 0.2 Hz,考虑情绪变化时皮肤电反应可能会有所变化,采用 2 阶巴特沃斯滤波器,低通截止频率设定为 0.35 Hz。

经过预处理操作后,得到用于皮肤电信号特征的提取与选择优质信号。其中,GSR 通道皮肤电信号经过预处理前后的效果对比如图 5-20～图 5-23 所示。

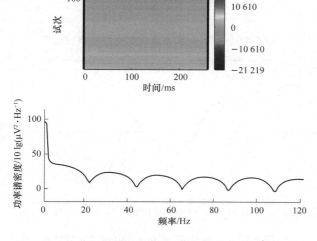

图 5-20 原始 GSR 通道皮肤电信号频域信息

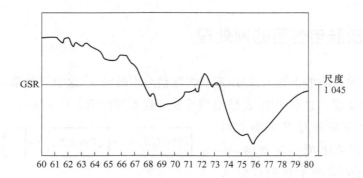

图 5-21　原始 GSR 通道皮肤电信号时域信息

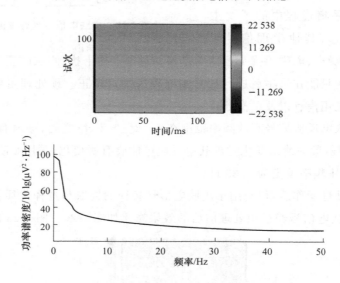

图 5-22　目标 GSR 通道皮肤电信号频域信息

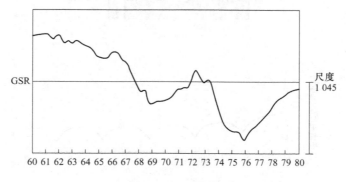

图 5-23　目标 GSR 通道皮肤电信号时域信息

5.8.2　皮肤电信号的特征提取与选择

MAHNOB-HCI 数据库共采集 1 个通道的皮肤电信号,本章选择 1 个通道。在时域上对皮肤电信号进行一阶差分和二阶差分处理,一阶差分可以用来检测信号局部的极值点,二阶差分可以用来检测信号局部的拐点。同时结合时域分析和频域分析,本章选择的皮肤电信号时频域特征如表 5-4 所示。

表 5-4　皮肤电信号情感特征列表

时域特征	频域特征
GSR 波的中值、均值、标准差、最大值、最小值、最大小值之差; GSR 波一阶差分的中值、均值、标准差、最大值、最小值、最大小值之差; GSR 波一阶差分绝对值的均值、标准差; GSR 波二阶差分的中值、均值、标准差、最大值、最小值、最大小值之差; GSR 波二阶差分绝对值的均值、标准差	GSR 波功率谱密度的中值、均值、标准差、最大值、最小值、最大小值之差

综上所述,基于皮肤电信号的情感特征提取与选择,得到一个 28 维的特征向量如下所示:

$$F_4 = (f_{41}, f_{42}, \cdots, f_{4,28})$$

5.9　基于决策级加权融合的情感识别模型

5.9.1　权重确定方法

分析人体生理结构特性,多种人体生理活动与情感状态相关,同时对应的人体表征生理信号多样,如脑电图、心电图、肌电图、皮肤电反应、呼吸作用、血容量搏动等。传统基于多种生理信号的情感识别,仅考虑生理信号对所有情感状态的平均识别率,没有分析生理信号的结构特性,及对各种情感状态的表现力。鉴于人体结构的复杂性,当人的情感状态发生变化时,生理信号会产生显著程度不同的变化。即生理信号对情感状态的表现力强弱各异,对情感状态识别率的影响力也各异。因此,可以通过分析生理信号的特性和利用其对情感状态的表现力,设计权重确定方法。

依据某种准则对数据集中的生理信号赋予一定的权重称为加权,在加权过程中权重的计算是关键。权重的计算是数据相关分析的重要内容,在分类学习中输入数据与输出结果相关分析的基本思想是计算某种度量,用于量化输入数据与给定类别的相关性,下面介绍基于反馈的权重确定方法。首先,分析人体生理结构,选择与情感状态密切相关的多种人体表征生理信号;然后,提取生理信号的情感特征,并依据来源将特征分组;最后,根据特征对情感状态的识别率,设计得到生理信号的加权矩阵。

综上所述,按照以下步骤确定生理信号的加权矩阵。

步骤 1 基于人体生理结构,选择与情感状态密切相关的 4 种生理信号,包括脑电信号、心电信号、呼吸信号和皮肤电信号。

步骤 2 基于 4 种生理信号结构特性,分别提取相应的情感特征,并将情感特征分为 4 组。

步骤 3 单独训练并测试基于 1 种生理信号的子分类器,并得到每种生理信号对情感状态的识别率为:

$$\boldsymbol{P}_i = (p_{i1}, \cdots, p_{im})^{\mathrm{T}} \quad (1 \leqslant i \leqslant 4)$$

其中,p_{ij} 是第 i 种生理信号对第 j 种情感状态的识别率;

步骤 4 基于反馈的原理,并根据识别率得到每种生理信号的加权矩阵为:

$$\boldsymbol{W}_i = \begin{bmatrix} p_{i1} & \cdots & 0 \\ \vdots & & \vdots \\ 0 & \cdots & p_{im} \end{bmatrix} \quad (1 \leqslant i \leqslant 4) \tag{5-23}$$

其中,$\boldsymbol{W}_i$ 是第 i 种生理信号的加权矩阵。

5.9.2 决策级加权融合

决策层融合是最高层次的融合,需先为各通道情感信息单独建模,然后融合所有通道的识别结果。决策级融合的优势是可以并联融合多个分类器,独立组合各个分类器,让它们独自工作,使得各个子分类器结果能以合理途径进行决策获得最终分类结果。多分类器以并联形式组合时,各个子分类器的结果可以是分类概率、分类距离、分类结果或不同信息类的相关度量。通常而言,在实际情感识别系统中常常设计为分类结果。因为各个子分类器在并联组合下是完全独立工作的,各分类器的输出信息互不影响,分类结果作为输出信息有利于将多分类器设计为完整的识别系统。多分类器并联组合有多种方式,投票表决是其中较为简单的方法,如多数票规则或完全一致规则等。但这些投票规则只是简单的投票,并没有考虑到输入数据自身的特点,即实施的原则为"一人一票"机制。事实上,由于不同输入数据对不同类别的识别性能的差异性,各个分类器应赋予不同的权重,即"一人多票"机制。通过对各个输入数据进行实验,统计得到各个分类器的对各个类别的识别精度,以此作为先验知识,将其表示为投票权重,以达到更好的识别效果。

　　本章采用上述的多分类器投票机制,利用多分类器之间的互补性能提高识别效果。首先,基于 4 种生理信号构建 4 个子分类器,得到 4 个子分类器对情感状态的识别结果;然后,对多个子分类器的实验结果,加权投票得到最终识别结果,如图 5-24 所示,具体计算步骤如下所示。

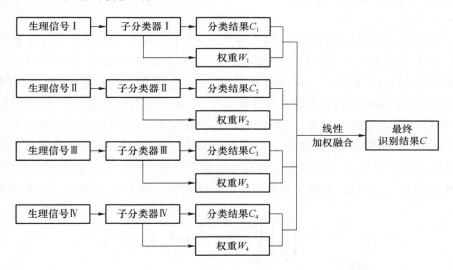

图 5-24　决策级线性加权融合结构图

步骤 1　由 5.9.1 小节内容得到生理信号对情感状态的识别率,则对应的每个子分类器的加权矩阵 $W_i(1 \leqslant i \leqslant 4)$ 为:

$$W_i = \begin{bmatrix} p_{i1} & \cdots & 0 \\ \vdots & & \vdots \\ 0 & \cdots & p_{im} \end{bmatrix}$$

步骤 2　令 $C_i = (c_{i1}, \cdots, c_{im})^{\mathrm{T}} (1 \leqslant i \leqslant 4)$ 为每个子分类器的识别结果,其中 $|C_i| = 1, c_{ij} \in \{0, 1\} (1 \leqslant i \leqslant 4, 1 \leqslant j \leqslant m)$,线性加权融合每个子分类器的加权矩阵和识别结果,如下所示:

$$C = \sum_{i=1}^{4} W_i C_i = \sum_{i=1}^{4} \begin{bmatrix} p_{i1} & \cdots & 0 \\ \vdots & & \vdots \\ 0 & \cdots & p_{im} \end{bmatrix} \begin{bmatrix} c_{i1} \\ \vdots \\ c_{im} \end{bmatrix} = \begin{bmatrix} \sum_{i=1}^{4} c_{i1} p_{i1} \\ \vdots \\ \sum_{i=1}^{4} c_{im} p_{im} \end{bmatrix}$$

步骤 3 基于最大值规则,得分最高的第 k 类情感状态为最终识别结果,如下所示:

$$\mathop{\mathrm{MAX}}_{j=1}^{m}\{\sum_{i=1}^{4} c_{ij} p_{ij}\} = \sum_{i=1}^{4} c_{ik} p_{ik}$$

5.9.3 情感识别模型

对于基于生理信号的情感识别模型而言,由于多种人体生理活动与情感状态相关,同时对应的人体表征信号多样,分析人体生理结构特性,优化选择可用于情感识别的 4 种生理信号——脑电信号、心电信号、呼吸信号和皮肤电信号。根据 4 种生理信号种类的不同分别建立特征提取模型,并根据相关程度删减,得到相应的 4 组情感特征。建立 4 个基于支持向量机的子分类器,分别利用 4 组情感特征训练和测试 4 个子分类器,得到情感识别结果。利用 5.9.1 小节的内容得到每个子分类器的加权矩阵,结合 5.9.2 小节内容得到基于决策级加权融合的情感识别模型,如图 5-25 所示。最后,利用 4 组情感特征训练和测试该模型,得到最终识别结果。

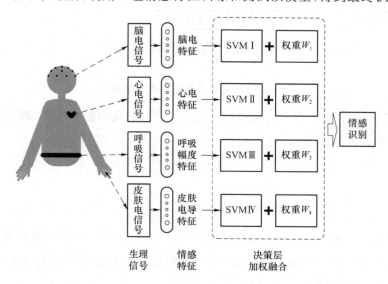

图 5-25 基于决策级加权融合的情感识别模型结构图

5.10 实验与分析

5.10.1 实验平台

　　本章实验硬件设备主要是台式计算机,具体硬件配置为:Inter(R) Core(TM) i7-6700 CPU,主频 3.4 GHz,安装内存 4 GB,搭载 64 位 Windows 7 旗舰版操作系统,主要负责运行各种实验工具软件,进行数据处理和结果输出。生理数据的处理使用软件 MATLAB 和 EEGLAB 工具箱,支持向量机分类器的训练和测试使用 LIBSVM 软件包,开发环境为 Python。

　　EEGLAB[45]由美国的 Amaud Delorme,Scott Makeig 等研究人员开发,用于处理与事件相关的连续脑电信号、肌电信号等电生理信号,是一款具有图形化界面的互动式 MATLAB 工具箱,如图 5-26 所示。EEGLAB 提供丰富的可视化、模型化的事件相关动力学方法,可以方便地处理单通道或者多通道的电生理信号。EEGLAB 利用独立成分分析、时频分析和标准平均等方法使用户灵活方便地处理电生理信号数据,并且包含大量教程、帮助窗口使用户尽快上手。其中包含的一个命令历史记录功能可以帮助用户从 GUI 的处理界面过渡到运行批处理或构建自定义数据脚本,总体来说主要包括以下 4 大优势:

　　① 自身具有强大的统计模块,即 STUDY 模块;

　　② 可以导入多种格式的数据,对 BP 格式的数据更为友善;

　　③ 可以忽略 MATLAB 的句法,在 EEGLAB 中利用图形化界面对数据进行处理,也可以结合 EEGLAB 自身的函数与其他处理函数编写命令共同进行处理,提高数据处理的效率;

　　④ 可以独立编写处理函数,将新函数嵌入 EEGLAB 后可以直接调用。

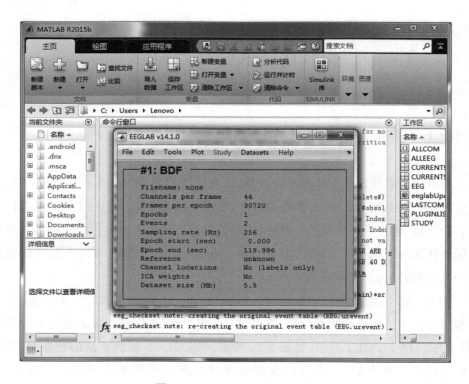

图 5-26　EEGLAB 运行展示图

5.10.2　实验数据

MAHNOB-HCI[2]多模态情感数据库由日内瓦大学采集,并在 2012 年发布,是比较流行的一个公开标准多模态情感数据库,广泛用于非商业的学术研究,很多文章都用到这个数据做测试,验证自己的算法。数据库利用 20 段视频片段作为刺激,诱发并同步记录 30 名采集对象的多模态反应及自我情绪评价,情感信号包括外周/中枢神经系统生理信号、图像信号、音频信号和视线追踪信号,多模态情感数据类型如表 5-5 所示,自我评价情感标签种类如表 5-6 所示,本章研究内容仅选用表中加阴影效果的数据。由于技术和数据收集分析问题,只有 27 名采集对象的情感数据可用。最后,共 363 组数据可用,每种情感标签的数量如表 5-7 所示。数据库采集对象拥有不同的年龄、性别、种族和文化、教育背景,信息覆盖面较广,如图 5-27 所示。此外,情感诱发视频刺激度较强,采集环境标准,采集到的情感信号质量较好。

表 5-5 MAHNOB-HCI 数据库多模态情感数据类型

情感数据模态
32 通道脑电信号（256 Hz）
3 通道心电信号（256 Hz）
1 通道呼吸幅度信号（256 Hz）
1 通道皮肤电导信号（256 Hz）
1 通道皮肤温度信号（256 Hz）
图像信号（6 台相机，60 f/s）
视线追踪信号（60 Hz）
音频信号（44.1 kHz）

表 5-6 MAHNOB-HCI 数据库自我评价情感标签种类

标签	情感状态
1	悲伤
2	高兴
3	厌恶
4	中性
5	娱乐
6	愤怒
7	恐惧
8	惊讶
9	焦虑

图 5-27 MAHNOB-HCI 数据库样本多样性

　　本章利用分层随机抽样的方法,首先,将数据集依据情感标签分成 5 种类型。然后,从每种生理信号的数据集中抽取一定比例的数据样本构成训练集,余下的数据样本构成测试集。鉴于数据结构的不平衡性,每种情感标签训练集样本大小设置为最小样本集的 80% 左右,即情感状态标签为"恐惧"的样本数量 $39 \times 80\% \approx 31$,则训练集样本数量为 $31 \times 5 = 155$,测试集数量为 208,每种情感状态集合样本数量如表 5-7 所示。

表 5-7　每种情感标签的数量

情感状态	样本集	训练集	测试集
悲伤	69	31	38
高兴	86	31	55
厌恶	57	31	26
中性	112	31	81
恐惧	39	31	8
总和	363	155	208

5.10.3　基于脑电信号的情感识别

　　针对基于脑电信号的情感识别,构造基于支持向量机的子分类器,以子分类器的各类情感状态识别率作为其性能的衡量标准。以 115 组脑电信号特征作为训练样本,208 组脑电信号特征作为测试样本,子分类器在 5 类情感状态的识别率及平均识别率如图 5-28 和表 5-8 所示。由图 5-28 可知,脑电信号对情感状态"中性"识别率最高,即表现力最强;对情感状态"厌恶"识别率最低,即表现力最弱。

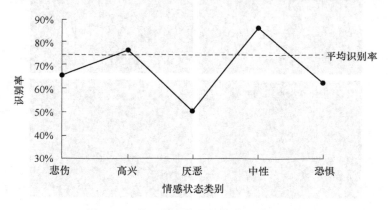

图 5-28　基于脑电信号的情感状态识别率

5.10.4　基于心电信号的情感识别

　　针对基于心电信号的情感识别,构造基于支持向量机的子分类器,以子分类器的各类情感状态识别率作为其性能的衡量标准。以 115 组心电信号特征作为训练样本,208 组心电信号特征作为测试样本,子分类器在 5 类情感状态的识别率及平均识别率如图 5-29 和表 5-8 所示。由图 5-29 可知,心电信号对情感状态"中性"识别率最高,即表现力最强;对情感状态"恐惧"识别率最低,即表现力最弱。

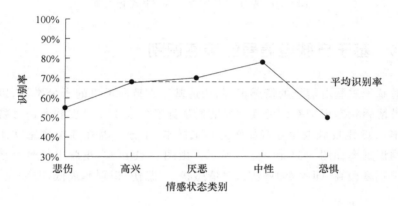

图 5-29　基于心电信号的情感状态识别率

5.10.5　基于呼吸信号的情感识别

　　针对基于呼吸信号的情感识别,构造基于支持向量机的子分类器,以子分类器的各类情感状态识别率作为其性能的衡量标准。以 115 组呼吸信号特征作为训练样本,208 组呼吸信号特征作为测试样本,子分类器在 5 类情感状态的识别率及平均识别率如图 5-30 和表 5-8 所示。由图 5-30 可知,呼吸信号对情感状态"中性"识别率最高,即表现力最强;对情感状态"恐惧"识别率最低,即表现力最弱。

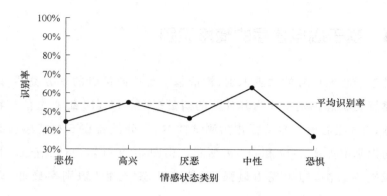

图 5-30　基于呼吸信号的情感状态识别率

5.10.6　基于皮肤电信号的情感识别

针对基于皮肤电信号的情感识别,构造基于支持向量机的子分类器,以子分类器的各类情感状态识别率作为其性能的衡量标准。以 115 组皮肤电信号特征作为训练样本,208 组皮肤电信号特征作为测试样本,子分类器在 5 类情感状态的识别率及平均识别率如图 5-31 和表 5-8 所示。由图 5-31 可知,皮肤电信号对情感状态"中性"识别率最高,即表现力最强;对情感状态"悲伤"识别率最低,即表现力最弱。

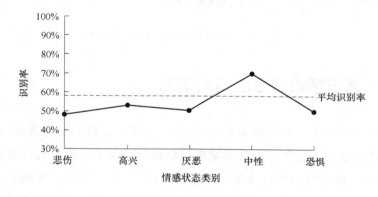

图 5-31　基于皮肤电信号的情感状态识别率

5.10.7　基于两种权重矩阵的情感识别

利用 4 种生理信号对 5 类情感状态的识别率,由式(5-23)可得到子分类器的加权矩阵如下所示：

$$\boldsymbol{W}_1 = \begin{bmatrix} 0.66 & 0 & 0 & 0 & 0 \\ 0 & 0.76 & 0 & 0 & 0 \\ 0 & 0 & 0.50 & 0 & 0 \\ 0 & 0 & 0 & 0.86 & 0 \\ 0 & 0 & 0 & 0 & 0.63 \end{bmatrix}$$

$$\boldsymbol{W}_2 = \begin{bmatrix} 0.55 & 0 & 0 & 0 & 0 \\ 0 & 0.67 & 0 & 0 & 0 \\ 0 & 0 & 0.69 & 0 & 0 \\ 0 & 0 & 0 & 0.78 & 0 \\ 0 & 0 & 0 & 0 & 0.50 \end{bmatrix}$$

$$\boldsymbol{W}_3 = \begin{bmatrix} 0.45 & 0 & 0 & 0 & 0 \\ 0 & 0.55 & 0 & 0 & 0 \\ 0 & 0 & 0.46 & 0 & 0 \\ 0 & 0 & 0 & 0.63 & 0 \\ 0 & 0 & 0 & 0 & 0.38 \end{bmatrix}$$

$$\boldsymbol{W}_4 = \begin{bmatrix} 0.47 & 0 & 0 & 0 & 0 \\ 0 & 0.53 & 0 & 0 & 0 \\ 0 & 0 & 0.50 & 0 & 0 \\ 0 & 0 & 0 & 0.69 & 0 \\ 0 & 0 & 0 & 0 & 0.50 \end{bmatrix}$$

为了充分说明在决策级进行加权融合的可行性，构造单位权重矩阵，即默认每个子分类器对每种情感状态的权重均为 1，等价于决策级无加权融合。其中，单位加权矩阵 W_i' 定义如下所示：

$$\boldsymbol{W}_i' = \begin{bmatrix} 1 & 0 & 0 & 0 & 0 \\ 0 & 1 & 0 & 0 & 0 \\ 0 & 0 & 1 & 0 & 0 \\ 0 & 0 & 0 & 1 & 0 \\ 0 & 0 & 0 & 0 & 1 \end{bmatrix} \quad (1 \leqslant i \leqslant 4)$$

分别利用两种加权矩阵,构造基于决策级无加权/加权融合的情感识别模型,并以 115 组情感信号特征作为训练样本,208 组情感信号特征作为测试样本,得到 5 类情感状态的识别率及平均识别率如图 5-32 和图 5-33 所示。

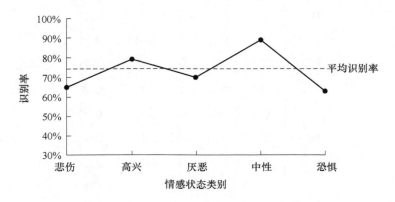

图 5-32　基于决策级无加权的情感状态识别率

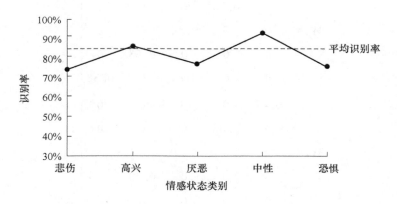

图 5-33　基于决策级加权的情感状态识别率

5.10.8　实验结果分析

分别利用 4 种生理信号情感特征训练和测试情感识别模型,得到相应的情感识别结果如表 5-8 所示。从表 5-8 可以发现,有 4 种情感状态的最高识别率基于脑电信号,只有 1 种情感状态"厌恶"的最高识别率基于心电信号。此外,4 种生理信号对 5 种情感状态的表现力强弱各异,排序如表 5-9 所示。

表 5-8　基于 4 种生理信号的情感识别结果

生理信号		情感状态					平均识别率
		悲伤	高兴	厌恶	中性	恐惧	
测试集样本数		38	55	26	81	8	—
脑电信号	正确样本数	25	42	13	70	5	—
	误别率	**65.79%**	**76.36%**	50.00%	**86.42%**	**62.50%**	**74.52%**
心电信号	正确样本数	21	37	18	63	4	—
	识别率	55.26%	67.27%	**69.23%**	77.78%	50.00%	68.75%
呼吸信号	正确样本数	17	30	12	51	3	—
	识别率	44.74%	54.55%	46.15%	62.96%	37.50%	54.33%
皮肤电信号	正确样本数	18	29	13	56	4	—
	识别率	47.37%	52.73%	50.00%	69.14%	50.00%	57.69%

表 5-9　4 种生理信号对五种情感状态表现力的排序

表情标签	情感状态表现力
悲伤	脑电信号 > 心电信号 > 皮肤电信号 > 呼吸信号
高兴	脑电信号 > 心电信号 > 呼吸信号 > 皮肤电信号
厌恶	心电信号 > 脑电信号 = 皮肤电信号 > 呼吸信号
中性	脑电信号 > 心电信号 > 皮肤电信号 > 呼吸信号
恐惧	脑电信号 > 心电信号 = 皮肤电信号 > 呼吸信号

　　分别利用两种加权矩阵,构造基于决策级无加权/加权融合的情感识别模型,得到相应的情感识别结果如表 5-10 所示。由表 5-8 和表 5-10 可以发现,在 6 组实验结果中,得到最高识别率的情感状态样本数最高,得到最低识别率的情感状态样本数不全是最低,即对于模型来说训练样本数并不是唯一决定识别率的因素。识别率最高的情感状态都是"中性",由此可见情感状态本身的特征明显程度是识别率的关键,情感状态"悲伤"和"恐惧"特征不明显,造成低识别率。此外,基于多种生理信号的识别率均高于基于一种生理信号的识别率,基于决策级加权融合的识别率高于基于决策级无加权融合的识别率。决策级加权融合各个子分类器的结果,减少生理信号与情感状态弱相关特性的影响和提高强相关性特性的影响,实现充分发挥 4 种生理信号优势的目标,从而提高模型识别率。

表 5-10 基于两种权重矩阵的情感识别结果

对比项		悲伤	高兴	厌恶	中性	恐惧	平均识别率
测试集样本数		38	55	26	81	8	—
决策级无加权融合	正确样本数	25	43	18	72	5	—
	识别率	65.79%	78.18%	69.23%	88.89%	62.50%	74.52%
决策级加权融合	正确样本数	28	47	20	75	6	—
	识别率	73.68%	85.45%	76.92%	92.59%	75.00%	84.62%

我们在 MAHNOB-HCI 数据库与其他建模方法进行比较,几种方法的对比识别结果如表 5-11 所示。特别需要指出的是由于实验环境和参数的不同,如样本数目、情感模型等因素的影响,不同方法的结果可能无法直接进行对比研究,但仍能通过实验结果反映这些方法的识别能力。根据实验结果可以发现,其他方法平均识别率均在 70% 以下,本章方法识别率明显高于其他方法。

表 5-11 不同建模方法识别结果比较

建模方法	平均识别率
ECG,GSR,Resp,Temp(特征级融合)+ SVM[139]	68.13%
ECG,GSR,Resp(特征级融合)+ SVM[140]	55.78%
ECG,Resp(特征级融合)+ SVM[141]	59.99%
本章方法	84.62%

本 章 小 结

本章针对多种生理信号的决策级加权融合问题进行研究。人体生理结构与情感状态关系复杂,如何高效利用每种生理信号是本章研究的主要内容。首先,分析人体生理结构特性,多种人体生理活动与情感状态相关,同时对应的人体表征信号多样,选择可用于情感识别的 4 种生理信号——脑电信号、心电信号、呼吸信号和皮肤电信号,根据信号种类的不同分别建立特征提取模型,根据相关程度删减得到相应的情感特征。然后,针对生理信号对情感状态的表现力强弱各异,即对情感状态识别率的影响力各异,根据生理信号对情感状态的识别率,引入基于反馈的原理,设计权重确定方法。最后,根据情感识别模型的特点,在决策级引入加权原理,依据最大值规则将 4 种生理信号的情感状态分类结果进行融合决策,建立基于多种生理信号决策级加权融合的情感识别模型。

　　通过本章的研究工作,分析生理信号对情感状态的表现力,提出一种基于生理信号对情感状态识别率的权重确定方法,该方法具备普适性,可以针对任意一种情感信号;提出一种决策级加权融合的建模方法,该方法具备普适性,可以针对任意多通道情感信息。本章的研究结果可以直观地评价出生理信号对情感状态的表现力,为后续基于多模态情感信息的双级别加权融合的研究提供理论基础和必要的输入条件。

本章参考文献

[1] LI C, ZHAO W P, ZHAO Z P. Multi-view Discriminant Analysis for Emotion Recognition [J]. Journal of Signal Processing, 2018, 34 (8): 998-1007.

[2] SOLEYMANI M, LICHTENAUER J, PUN T. A Multimodal Database for Affect Recognition and Implicit Tagging [J]. IEEE transactions on affective computing, 2012, 3(1): 42-55.

[3] WIEM M B, LACHIRI Z. Emotion Recognition System Based on Physiological Signals with Raspberry Pi III Implementation [A]// 3rd International Conference on Frontiers of Signal Processing. NewYork: IEEE, 2017: 20-24.

[4] PINTO J, FRED A, DA S H P. Biosignal-based multimodal emotion recognition in a valence-arousal affective framework applied to immersive video visualization[C]// 2019 41st Annual International Conference of the IEEE Engineering in Medicine and Biology Society (EMBC). IEEE, 2019: 3577-3583.

[5] PEREZ-ROSERO M S, REZAEI B, AKCAKAYA M, et al. Decoding emotional experiences through physiological signal processing[C]// 2017 IEEE International Conference on Acoustics, Speech and Signal Processing (ICASSP). IEEE, 2017: 881-885.

[6] LI Q，LIU Y Q，YAN F，et al. Emotion recognition based on multiple physiological signals[J]. Biomedical Signal Processing and Control，2023，85：104989.

[7] OH S J, LEE J Y, KIM D K. The design of CNN architectures for optimal six basic emotion classification using multiple physiological signals[J]. Sensors，2020，20(3)：866.

[8] BAGHERZADEH S, MAGHOOLI K, FARHADI J, et al. Emotion recognition from physiological signals using parallel stacked autoencoders [J]. Neurophysiology，2018，50：428-435.

[9] NAKISA B，RASTGOO M N, RAKOTONIRAINY A，et al. Automatic emotion recognition using temporal multimodal deep learning[J]. IEEE Access，2020，8：225463-225474.

[10] AWAN A W, USMAN S M, KHALID S，et al. An Ensemble Learning Method for Emotion Charting Using Multimodal Physiological Signals[J]. Sensors，2022，22(23)：9480.

[11] LI C, ZHAO W P, ZHAO Z P. Multi-view Discriminant Analysis for Emotion Recognition [J]. Journal of Signal Processing，2018，34(8)：998-1007.

[12] LUO K, DU K Q, CAI Z P，et al. A modified frequency slice wavelet transform for physiological signal time-frequency analysis [A]// Chinese Automation Congress. CHN：CAA 2017：3441-3444.

[13] 郑君里，应启珩，杨为理. 信号与系统上册[M]. 2 版. 北京：高等教育出版社，2001.

[14] MALMIVUO J，PLONSEY，R. Bioelectromagnetism：principles and applications of bioelectric and biomagnetic fields[M]. New York：Oxford University Press，1995.

[15] STECKER M M, SABAU D, SULLIVAN L，et al. American Clinical Neurophysiology Society Guideline 6：Minimum Technical Standards for EEG Recording in Suspected Cerebral Death [J]. Journal of Clinical Neurophysiology，2016，33(4)：324-327.

[16] BROUWER A M, ZANDER T O, ERP J B F V，et al. Using

neurophysiological signals that reflect cognitive or affective state: six recommendations to avoid common pitfalls [J]. Frontiers in Neuroscience, 2014, 9:136-136.

[17] YEUNG A, GARUDADRI H, VANTOEN C, et al. Comparison of foam-based and spring-loaded dry EEG electrodes with wet electrodes in resting and moving conditions [A]// 37th Annual International Conference of the IEEE Engineering in Medicine and Biology Society. New York: IEEE, 2015: 7131-7134.

[18] PAZZINI L, POLESE D, WEINERT J F, et al. An ultra-compact integrated system for brain activity recording and stimulation validated over cortical slow oscillations in vivo and in vitro [J]. Scientific Reports, 2018, 8: 16717.

[19] CHEN C, ASARI V K. Adaptive Weighted Local Textural Features for Illumination, Expression and Occlusion Invariant Face Recognition [A]// Imaging and Multimedia Analytics in a Web and Mobile World. Bellingham WA: SPIE, 2014: 9027.

[20] IWASAKI M, KELLINGHAUS C, ALEXOPOULOS A V. Effects of eyelid closure, blinks, and eye movements on the electroencephalogram [J]. Clinical Neurophysiology, 2005, 116(4):878-85.

[21] SATO K. Electroencephalography[J]. Naika Internal Medicine, 1966,24: 325-34.

[22] TATUM W O, ELLEN R. Grass Lecture: Extraordinary EEG [J]. Neurodiagnostic Journal, 2014, 54(1): 3-21.

[23] XIE F, ZHAO Y, WANG S D, et al. Identification, characterization, and functional investigation of circular RNAs in subventricular zone of adult rat brain [J]. Journal of cellular biochemistry, 2019, 120(3): 3428-3437.

[24] USREY W M, SHERMAN S M. Corticofugal circuits: Communication lines from the cortex to the rest of the brain [J]. The Journal of comparative neurology, 2019, 527(3): 640-650.

[25] SARKHEIL P, GOEBEL R, SCHNEIDER F, et al. Emotion unfolded by motion: a role for parietal lobe in decoding dynamic facial expressions [J].

Social cognitive and affective neuroscience，2013，8：950-957.

[26] ZHANG J，CHEN M，ZHAO S，et al. ReliefF-Based EEG Sensor Selection Methods for Emotion Recognition［J］. Sensors，2016，16（10）：1558.

[27] 田媛. 现代心电图诊断技术与心电图图谱分析实用手册［M］. 北京：当代中国音像出版社，2004.

[28] 王黎，韩清鹏. 人体生理信号的非线性分析方法［M］. 北京：科学出版社，2011.

[29] JANIG W. Integrative action of the autonomic nervous system：Neurobiology of homeostasis［M］. Cambridge：Cambridge University Press，2008.

[30] KAJI H，IIZUKA H，SUGIYAMA M. ECG-Based Concentration Recognition With Multi-Task Regression［J］. IEEE Transactions on Biomedical Engineering，2019，66(1)：101-110.

[31] 余祖龙，周旭欣，艾信友，等. 基于离散平稳小波变换的心电信号去噪方法科［J］. 技创新导报，2008，4：31-32.

[32] 朱杰檀，柴惠. 消除心电信号基线漂移简单方法及仿真［J］. 医疗卫生装备，2012，33(8)：16-20.

[33] YOCHUM M，RENAUD C，JACQUIR S. Automatic detection of P，QRS and T patterns in 12 leads ECGsignal based on CWT［J］. Biomedical Signal Processing and Contro，2016，25：46-52.

[34] RESSLER B，SCHWERDTFEGER A，AIGNER C S. et al. "Switch-Off" of Respiratory Sinus Arrhythmia Can Occur in a Minority of Subjects During Functional Magnetic Resonance Imaging（fMRI）［J］. Frontiers in Physiology，2018，9：1688.

[35] 王庭槐，朱大年. 生理学［M］.8 版. 北京：人民卫生出版社，2013.

[36] MOCANU E，MOHR C，POUYAN N. et al. Reasons，Years and Frequency of Yoga Practice：Effect on Emotion Response Reactivity［J］. Frontiers in Human Neuroscience，2018，12：264.

[37] KANTONO K，HAMID N，SHEPHERD D，et al. Emotional and electrophysiological measures correlate to flavour perception in the

presence of music [J]. Physiology & behavior, 2019, 199: 154-164.

[38] WEBSTER J G. Encyclopedia of Medical Devices and Instrumentation [M]. Madison: University of Wisconsin-Madison, 1989.

[39] NWOGU I, PASSINO B, BAILEY R. A Study on the Suppression of Amusement [A]// IEEE International Conference on Automatic Face and Gesture Recognition and Workshops. New York: IEEE, 2018: 349-356.

[40] DAS P, KHASNOBISH A, TIBAREWALA D N. Emotion Recognition employing ECG and GSR Signals as Markers of ANS [A]// 2016 Conference on Advances in Signal Processing. 2016: 37-42.

[41] PONGUILLO R. Equipment for Monitoring the Electrodermal Skin Response Using an Embedded System Based on Soft Processor NIOS II [A]// IEEE Ecuador Technical Chapters Meeting. New York: IEEE, 2016: 1-5.

[42] SAHA S, NAG P, RAY M K. A Complete Virtual Instrument for Measuring and Analyzing Human Stress in Real Time [A]// International Conference on Control, Instrumentation, Energy and Communication. New York: IEEE, 2014: 81-85.

[43] SOLANA M J, LOPEZHERCE J, FERNANDEZ S, et al. Assessment of pain in critically ill children: Is skin conductance a reliable too? [J]. Journal of Critical Care, 2015, 30(3):481-485.

[44] HERNANDO-GALLEGO F, LUENGO D, ARTES-RODRIGUEZ A. Feature Extraction of Galvanic Skin Responses by Nonnegative Sparse Deconvolution [J]. IEEE Journal of Biomedical and Health Informatics, 2018, 22(5): 1385-1394.

[45] DELORME A, MAKEIG S. EEGLAB: an open source toolbox for analysis of single-trial EEG dynamics including independent component analysis [J]. journal of neuroscience methods, 2004, 134: 9-21.

第6章

基于多模态信息特征级和决策级融合的情感识别

6.1 引　言

　　情感变化能同时引发面部表情的外在变化和人体生理的内部变化等多种变化,进行基于多模态信息的情感识别研究势在必行[1]。基于视觉信号的表情识别,考虑表情变化的动态特征信息,同时利用表情变化的时间信息和空间信息,可以更真实地反映表情变化的本质,实际应用性更强[2],但对算法的精确性和运算速率都有较高要求,且两者之间相互矛盾。人体结构复杂,多种人体生理活动与情感状态相关,同时对应的人体表征信号多样,国内外用于情感识别研究的生理信号多样,本章选取脑电信号、心电信号、呼吸信号和皮肤电信号。考虑视觉信号模态和生理信号模态特征之间的相关性和冗余性,可以达到互补的效果,这对于建立一个具有高识别率的情感识别系统具有重要的理论意义和实际意义。目前,尽管人们在多模态融合情感识别的研究方面取得一系列的突破,但却因为发展年限较短,其识别率还不能完全满足人们的期望。因此,基于多模态信息的情感识别的研究具有非常广泛的应用需求。

　　本书从基于视觉信号和生理信号的情感识别入手,针对面部图像信息和生理信息多模态融合的情感识别进行研究。将视觉信号分别与4种生理信号线性融合得到4组多模态信息,引入基于反馈信息的原理,结合多模态信息对情感状态的识别率,设计权重确定方法。在此基础上引入决策级加权融合,建立基于多模态信号决策级加权融合的情感识别模型。

6.2 相 关 工 作

基于多模态的混合融合(Multimodal KessousHybrid Fusion)是一种将特征级融合和决策级融合相结合的方法,用于处理多模态数据和任务。在这种方法中,首先从每个感知模态中提取特征,并将它们进行特征级融合,以获得一个综合的多模态特征表示。特征级融合可以采用特征串联、特征加权融合、模态注意力机制等方法。这种融合方法旨在充分利用每个模态的信息,并形成一个更全面、丰富的特征表示。接下来,基于融合后的多模态特征,进行决策级融合。决策级融合涉及将来自不同模态的独立预测结果进行结合和融合,得出最终的决策结果,这可以通过投票、加权投票、集成学习方法等实现。混合融合方法的优势在于能够充分利用多模态数据的特点,并在特征级和决策级上进行融合,从而提高任务的性能和鲁棒性。这种方法常用于多模态情感分析、多模态人机交互、多模态智能系统等领域,以应对多模态数据的挑战,并提供更全面的信息处理和决策能力。

在基于表情和语音的双模态情感识别研究中,Han 等人[3]提出了一种新型的多模态情感识别算法,以表情、语音作为研究对象,结合使用决策层融合和特征层融合方法,使用反向传播(Back Propagation ,BP)网络进行情感分类,提高了情感识别的准确率。Lin 等人[4]使用基于残差网络的表情识别模型和基于分层粒度和特征架构的语音情感识别模型进行表情、语音的特征提取,在此基础上使用决策层以及特征层策略进行融合,实现双模态情感识别,实验证明,两种情感模型取得了较好的识别性能,融合后的双模态情感识别效果优于单模态情感识别。Sun 等人[5]提出了一种提取时空层次特征的时空融合模型,该模型基于选择的表达成分提取时空层次特征,最后结合特征层融合方法和决策层融合方法进行双模态特征融合,实验表明,基于表情和姿态的双模态情感识别率高于单模态情感识别率。

在基于表情、语音和姿态的多模态情感识别研究中,Ranganathan 等人[6]建立了 emoFBVP 多模态数据库,该数据库包括音频和视频序列,这些数据内容包含了表情、骨骼跟踪数据和生理数据等,并且提出了一种卷积深度信念网络(CDBN)用于学习多模态情感特征,最后进行情感分类,在单模态和多模态情感识别实验中,多模态情感识别表现最佳。Chakraborty 等人[7]提出了一个深度信念网络(DBN),在第一个隐藏层中,分别从表情、姿态、语音和生理信号中学习多模态情感特征,然后将这些特征连接起来作为第二个隐藏层的输入,在之后的隐藏层重复学习,捕获多模态情感特征的高阶非线性相关性,最后输入 SVM 进行情感分类,在

emoFBVP 数据库上获得了较高的情感识别率。Guo 等人[8]提出了一种基于语音、表情与姿态的多模态情感识别方法,使用 Gabor 小波变换提取表情特征,使用 openSMILE 工具提取语音特征,使用 EyesWeb 平台提取得到的姿态参数作为姿态特征,使用判别多重典型相关分析融合三种模态特征,最终输入 SVM 进行情感分类,实验证明,利用多模态情感信息的情感识别,有着较单模态更高的识别率。Zhang 等人[9]采用双峰深度自动编码器融合脑电信号和面部表情信号,利用 LIBSVM 分类器完成分类任务,情感识别能力有很大提高。Cimtay 等人[10]基于面部、EEG 和 GSR 三种模态使用多模态混合融合方法对情感状态进行分类,首先对 EEG 和 GSR 进行特征级融合以分析唤醒维的水平,接着使用决策级融合方法对三个模态进行融合,但该系统在输出类别的数量上有所限制。YUCEL C 等人[11]提出了一种多模态情感识别的混合融合方法,采用潜在空间特征级融合方法,保持各模式之间的统计相关性,寻找共同的潜在空间来融合音频和视频信号,采用基于 DS(Dempster-Shafer)理论的证据融合方法来融合视听相关空间和文本模态。该方法解决了声像信息的冗余和冲突的问题,兼顾了特征级和决策级的融合,但存在 DS 融合方法的证据冲突问题。Li 等人[12]开发了一个名为 MindLink Eumpy 的开源软件工具箱,通过集成脑电图(EEG)和面部表情信息来识别情绪。MindLink Eumpy 首先应用一系列工具自动获取受试者的生理数据,然后分别分析获得的面部表情数据和脑电图数据,最后在决策层面融合这两种不同的信号。

6.3　视觉信号的情感特征

6.3.1　视觉信号的概念

根据视觉信号类型的不同,面部表情识别可分为基于静态图像和基于图像序列两种。对于动态图像序列,通常是指图像中存在连续运动或变化物体的一组序列图像。Emanuele 对图像序列做出明确的定义:一系列在不同时间 t_k 采集得到的 N 张连续图像,$t_k = t_0 + k\Delta t$,Δt 是一个固定的时间间隔,$k = 0, 1, \cdots, N-1$。基于静态图像的面部表情特征提取虽然具有效率高、速度快等特点,但是应用静态图像提取的表情特征缺少足够的动态信息,并且容易受到个体差异和环境的影响,比如面部的五官结构、肤色以及光照强度等,在受到外界条件干扰时,识别效果较差[13]。心理学和神经学方面的研究表明,时间的连续性在面部表情识别领域中起着重要的作用。于是,人们开始将研究重心转移至基于动态图像序列的面部表情识别上来。表情是一个连续的变化过程,通过图像序列提取面部表情的动态特征可以更好地描述这一变化过程,并消除来自识别个体和外界环境的干扰影响,在各种条件下均能够获得较好的识别效果。

6.3.2 视觉信号的特征提取

目前,基于运动特征的特征提取主要应用于动态图像序列中,相比于静态图像而言视频序列包含更加丰富的表情特征信息[14]。动态的序列图像反映的是表情发生的整个过程,记录面部表情的变化。因此,可以通过提取面部肌肉的运动或者五官的形变对动态序列图像的表情分类进行分析。目前,基于运动特征的图像序列常用的特征提取方法主要有:光流法[15-17]、表情特征点跟踪法[18,19]、差分图像法、纹理直方图等。

特征点跟踪法利用帧间的运动信息来对特征点进行跟踪与定位[20,21],为了更好地跟踪特征点的运动轨迹,通常选取灰度变化较大的眼睛、嘴巴等位置作为目标特征点,根据特征点的运动轨迹获取面部特征位移或形变信息,并将这些信息作为最终特征用于后续的表情识别。Bassili 的实验表明,面部的可视化特性能够通过描述面部特征点的运动和分析这些运动之间的关系来识别,为基于运动的表情特征提取提供依据[22]。国内外有诸多关于这一点的研究方法,还在不断出现新的视角研究基于运动的表情特征提取,部分研究是采用特定方法定位特征点,并对特征点进行跟踪;还有部分研究直接定义特征点的变化为某类参数或向量,以此表示运动特征等。采用特征点跟踪法,可以获得不同对象相对记录者视野的位移,或者通过背景对准,实现相对于背景的对象位移分析。特征点跟踪法理论的提出,是基于大多数图像序列的共有特征,进而对分析序列做出的以下假设:

① 图像序列的光照保持缓慢变化,帧与帧的灰度分布差异不大;

② 图像序列是按时间依次获取并且间隔较小,从而保证帧与帧不会出现较大的背景和物体变化;

③ 图像邻近像素点区域的不变性,物体形成不同运动区域,区域移动保持统一,而不是各像素点散乱移动。

本章利用特征点跟踪法,实现基于视觉信号的情感特征提取,流程如图 6-1 所示。本章实验采用的 MAHNOB-HCI 数据中包含 6 台相机采集的视觉信号,相机放置位置各异,其中 1 台是采集彩色影像,5 台是采集黑白影像,所有相机每秒采集 60 帧 780×580 像素的图像,如图 6-2 所示。本章实验选用放置在正面的相机采集的彩色图像序列作为情感识别的视觉信号,如图 6-2(a)所示。

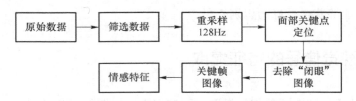

图 6-1 基于视觉信号的情感特征提取流程图

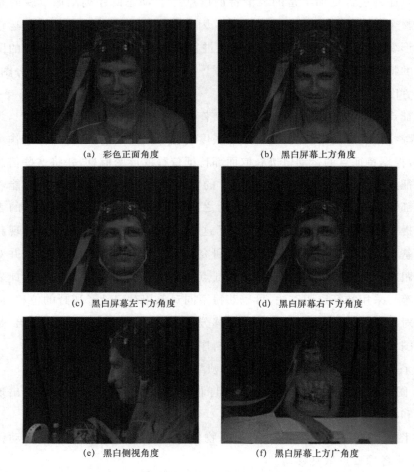

(a) 彩色正面角度   (b) 黑白屏幕上方角度

(c) 黑白屏幕左下方角度   (d) 黑白屏幕右下方角度

(e) 黑白侧视角度   (f) 黑白屏幕上方广角度

图 6-2 相机采集图像类型及放置角度示意图

　　面向图像序列的表情识别,基于关键帧的方法是一种常规方法,即首先通过某种方式确定视频中的代表性帧,也称为关键帧,然后采用传统的基于静态图像的方法[23]来实现图像序列中表情的识别与分类。本章选用的视觉信号的图像序列中每秒钟共包含 60 帧图像,每秒钟抽样第 1 帧和第 30 帧图像,得到用于情感识别的图像序列。

　　表情由面部肌肉运动产生,引起面部发生形变,这种暂时性的形变称为暂态特征,而处于中性表情状态下面部的几何结构和纹理称为永久特征。根据 Beat Fasel 和 Juergen Luettin 等人在面部表情与心理学方面的研究结果,面部区域不仅包含表情识别需要的重要信息,如眼睛、眉毛以及嘴部等区域,对于表情识别起到正面作用,同时还包含诸多无关信息,如脸颊的部分区域、前额以及下巴区域,对于表情识别是冗余信息,甚至起到负面作用。综上所述,在保证分类模型识别效率的前提下,为了降低训练和测试时计算复杂程度,选取 29 个与面部表情关系密切的点,如图 6-3 所示。每个特征点 P_i 的二维坐标为 (x_i, y_i),$1 \leqslant i \leqslant 29$,29 个特征点的二维坐标组合起来得到一个 58 维的关键点特征向量 f 如下:

$$f = (x_1, y_1, x_2, y_2, \cdots, x_{29}, y_{29})$$

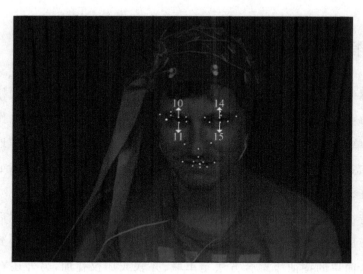

图 6-3　面部关键点示意图

　　提取抽样后图像序列中每帧图像的关键点特征得到相应的特征向量,其中 f^j 是第 j 帧图像对应的关键点特征向量。由图 6-3 可知,眼部有 4 个序号分别为 10、

11、14 和 15 的关键点可用于检测是否闭眼,并将满足条件 $|y_{10}-y_{11}|\leqslant 2$ 或者 $|y_{14}-y_{15}|\leqslant 2$ 的闭眼静态图像删除。

定义 6.1 (欧氏距离)n 维欧氏空间中向量 $\boldsymbol{u}=(u_1,u_2,\cdots,u_n)$ 和 $\boldsymbol{v}=(v_1,v_2,\cdots,v_n)$ 之间的距离 $d(\boldsymbol{u},\boldsymbol{v})$ 定义如下:

$$d(\boldsymbol{u},\boldsymbol{v})=\sqrt{(u_1-v_1)^2+(u_2-v_2)^2+\cdots+(u_n-v_n)^2} \tag{6-1}$$

利用式(6-1),计算由同一图像序列抽样图像中任意两帧图像关键点特征向量的欧氏距离 $d(\boldsymbol{f}^i,\boldsymbol{f}^j)$,由

$$\max_{i,j=1} d(\boldsymbol{f}^i,\boldsymbol{f}^j)$$

选出第 k 帧和第 l 帧图像,并得到该图像序列的情感特征 $\boldsymbol{f}_1$ 如下:

$$\boldsymbol{f}_1=(|x_1^k-x_1^l|,|y_1^k-y_1^l|,|x_2^k-x_2^l|,|y_2^k-y_2^l|,\cdots,|x_{29}^k-x_{29}^l|,|y_{29}^k-y_{29}^l|)。$$

6.4 基于双级别融合的情感识别模型

6.4.1 特征级融合

在情感识别过程中,特征提取担任着重要角色,只有提取出优质的特征才可以使分类环节更加顺利。人类表达情感的过程是一个多种模态信息综合作用相互补充的过程,单模态特征只能展示对象的一部分属性信息,为了更加精准地描述目标对象,多模态特征的融合是必然趋势。此外,多模态特征获取的目标特征信息多于单模态特征,有利于提高对象的识别性能。

所谓特征级融合,需要先从多模态信号中提取相应的特征向量,然后按照某种规则融合形成一个多模态特征向量,最后将特征向量输入分类器,并得到最终的分类结果。最简单的特征级融合方法是串联、并联或加权叠加,另外还有统计学方法、核方法和特征选择方法。本章涉及的情感特征为视觉信号特征和 4 种生理信号特征,完成特征提取之后,采用串联的方式将视觉信号特征分别和 4 种生理信号特征串联融合在一起,构成 4 种多模态特征,具体流程如图 6-4 所示。

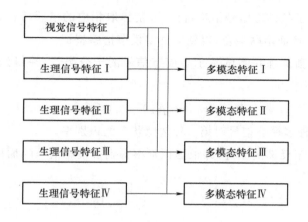

图 6-4　特征级融合结构图

6.4.2　权重确定方法

　　分析人体生理结构与情感信号特性,选择视觉信号与 4 种生理信号的多模态情感信息。由 6.4.1 小节内容可知,在特征级串联融合,得到 4 种多模态特征。传统基于多模态信号的情感识别,仅考虑多模态信号对所有情感状态的平均识别率,忽略了多模态信号各自的结构特性,没有区分多模态信号对情感状态表现力的差异性。鉴于人体结构的复杂性,当人产生情感状态变化时,多模态信号会产生显著程度不同的变化。即对于多模态信号而言,对情感状态的表现力强弱各异,即对情感状态识别率的影响力也各异。因此,通过分析多模态信号的特性,并利用对情感状态的表现力,设计权重确定方法。

　　依据某种准则对数据集中的各个多模态信号赋予一定的权重称为加权,在加权过程中权重的计算是关键。权重的计算是数据相关分析的重要内容,在分类学习中输入数据与输出结果相关分析的基本思想是计算某种度量,用于量化输入数据与给定类别的相关性,下面介绍基于反馈的权重确定方法。首先,分析人体结构与情感信号,选择与情感状态密切相关的视觉信号和多种生理信号;然后,提取信号的情感特征,并依据特征级融合得到 4 种多模态情感特征;最后,根据多模态特征对情感状态的识别率,设计得到多模态信号的加权矩阵。

　　综上所述,按照以下步骤确定多模态信号的加权矩阵。

　　步骤 1　基于人体生理结构与情感信号特性,选择与情感状态密切相关的多模态信号,包括视觉信号和生理信号。

步骤 2　基于各模态信号结构特性,分别提取相应的情感特征,并将视觉特征分别和 4 种生理特征串联融合,得到 4 种多模态情感特征。

步骤 3　单独训练并测试基于多模态信号的子分类器,并得到多模态信号对情感状态的识别率为:

$$\boldsymbol{P}_i = (p_{i1}, \cdots, p_{im})^{\mathrm{T}}, \quad 1 \leqslant i \leqslant 4$$

其中,p_{ij} 是第 i 种多模态信号对第 j 种情感状态的识别率。

步骤 4　基于反馈的原理,并根据识别率得到多模态信号的加权矩阵为:

$$\boldsymbol{W}_i = \begin{bmatrix} p_{i1} & \cdots & 0 \\ \vdots & & \vdots \\ 0 & \cdots & p_{im} \end{bmatrix}, \quad 1 \leqslant i \leqslant 4 \tag{6-2}$$

其中,W_i 是第 i 种多模态信号的加权矩阵。

6.4.3　决策级加权融合

决策级融合是最高层次的融合,需先为各通道情感信息单独建模,然后融合所有通道的识别结果。决策级融合的优势是可以并联融合多个分类器,独立组合各个分类器,让它们独自工作,使得各个子分类器结果能以合理途径进行决策获得最终分类结果。多分类器以并联形式组合时,各个子分类器的结果可以是分类概率、分类距离、分类结果或不同信息类的相关度量。通常而言,在实际情感识别系统中常常设计为分类结果。因为各个子分类器在并联组合下是完全独立工作的,各分类器的输出信息互不影响,分类结果作为输出信息有利于将多分类器设计为完整的识别系统。多分类器并联组合有多种方式,投票表决是其中较为简单的方法,如多数票规则或完全一致规则等。但这些投票规则只是简单的投票,并没有考虑到输入数据自身的特点,即实施的原则为“一人一票”机制。事实上,由于不同输入数据对不同类别的识别性能的差异性,各个分类器应赋予不同的权重,即“一人多票”机制。通过对各个输入数据进行实验,统计出来各个分类器的对各个类别的识别精度,以此作为先验知识,将其表示为投票权重,以达到更好的识别效果。

本章采用上述的多分类器投票机制,利用多分类器之间的互补性能提高识别效果。首先,得到基于多模态信号情感分类器对情感状态的识别结果;然后,对多个子分类器的实验结果,通过加权投票得到最终识别结果,如图 6-5 所示,具体计算步骤如下所示。

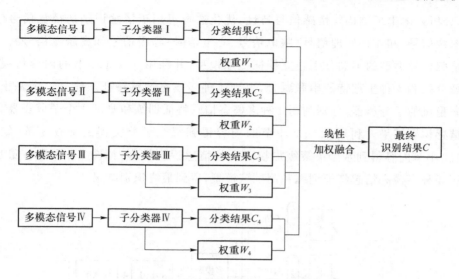

图 6-5 决策级线性加权融合结构图

步骤 1 由 6.4.2 小节内容得到多模态信号的加权矩阵,则对应的子分类器的加权矩阵 $\boldsymbol{W}_i (1 \leqslant i \leqslant 4)$ 为:

$$\boldsymbol{W}_i = \begin{bmatrix} p_{i1} & \cdots & 0 \\ \vdots & & \vdots \\ 0 & \cdots & p_{im} \end{bmatrix}$$

步骤 2 令 $\boldsymbol{C}_i = (c_{i1}, \cdots, c_{im})^{\mathrm{T}} (1 \leqslant i \leqslant 4)$ 为子分类器的结果,其中 $|\boldsymbol{C}_i| = 1$, $c_{ij} \in \{0, 1\} (1 \leqslant i \leqslant 4, 1 \leqslant j \leqslant m)$,线性加权融合子分类器的结果和加权矩阵,如下所示:

$$\boldsymbol{C} = \sum_{i=1}^{4} \boldsymbol{W}_i \boldsymbol{C}_i = \sum_{i=1}^{4} \begin{bmatrix} p_{i1} & \cdots & 0 \\ \vdots & & \vdots \\ 0 & \cdots & p_{im} \end{bmatrix} \begin{bmatrix} c_{i1} \\ \vdots \\ c_{im} \end{bmatrix} = \begin{bmatrix} \sum_{i=1}^{4} c_{i1} p_{i1} \\ \vdots \\ \sum_{i=1}^{4} c_{im} p_{im} \end{bmatrix}$$

步骤 3 基于最大值规则,得分最高的第 k 类情感状态为最终识别结果,如下所示:

$$\underset{j=1}{\overset{m}{\mathrm{MAX}}} \left\{ \sum_{i=1}^{4} c_{ij} p_{ij} \right\} = \sum_{i=1}^{4} c_{ik} p_{ik}$$

6.4.4 情感识别模型

对于基于多模态信号的情感识别模型而言,由于多种模态信号与情感状态相关,分析人体生理结构与情感信号特性,优化选择可用于情感识别的视觉信号(面部图像信号)和4种生理信号(脑电信号、心电信号、呼吸信号和皮肤电信号)。根据情感信号类型的不同分别建立特征提取模型,并利用6.4.1小节的内容将视觉特征分别和4种生理特征串联融合,得到4种多模态情感特征。建立4个基于支持向量机的子分类器,分别利用4种多模态情感特征训练和测试4个子分类器,得到情感识别结果。利用6.4.2小节的内容得到每个子分类器的加权矩阵,结合6.4.3小节内容得到基于决策级加权融合的情感识别模型,如图6-6所示。最后,利用4种多模态情感特征训练和测试该模型,得到最终识别结果。

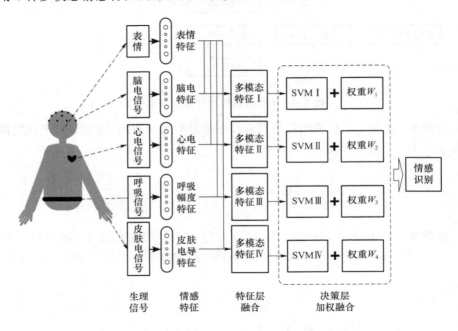

图 6-6　基于特征级融合和决策级加权融合的情感识别模型

6.5　实验与分析

6.5.1　实验平台

本章实验硬件设备主要是台式计算机,具体硬件配置为:Inter(R) Core(TM)

i7-6700 CPU,主频 3.4G Hz,安装内存 4 GB,搭载 64 位 Windows 7 旗舰版操作系统,主要负责运行各种实验工具软件,进行数据处理和结果输出。多种生理数据的处理使用软件 MATLAB 和 EEGLAB 工具箱,支持向量机分类器的训练和测试使用的 LIBSVM 软件包,开发环境为 Python。

6.5.2 实验数据

MAHNOB-HCI 多模态情感数据库由日内瓦大学采集,并在 2012 年发布,是比较流行的一个公开标准多模态情感数据库,广泛用于非商业的学术研究,很多文章都用到这个数据做测试,验证自己的算法。数据库利用 20 段视频片段作为刺激,诱发并同步记录 30 名采集对象的多模态反应及自我情绪评价,情感信号包括外周/中枢神经系统生理信号、图像信号、音频信号和视线追踪信号,多模态情感数据类型如表 6-1 所示,自我评价情感标签种类如表 6-2 所示,本章研究内容仅选用表中加阴影效果的数据。由于技术和数据收集分析问题,只有 27 名采集对象的情感数据可用。最后,共 363 组数据可用,每种情感标签的数据数量如表 6-3 所示。数据库采集对象拥有不同的年龄、性别、种族和文化、教育背景,信息覆盖面较广。此外,情感诱发视频刺激度较强,采集环境标准,采集到的情感信号质量较好。

表 6-1 MAHNOB-HCI 数据库多模态情感数据类型

情感数据模态
32 通道脑电信号（256 Hz）
3 通道心电信号（256 Hz）
1 通道呼吸幅度信号（256 Hz）
1 通道皮肤电导信号（256 Hz）
1 通道皮肤温度信号（256 Hz）
图像信号（6 台相机,60 f/s）
视线追踪信号（60 Hz）
音频信号（44.1 kHz）

表 6-2　MAHNOB-HCI 数据库自我评价情感标签种类

标签	情感状态
1	悲伤
2	高兴
3	厌恶
4	中性
5	娱乐
6	愤怒
7	恐惧
8	惊讶
9	焦虑

利用分层随机抽样的方法,首先,将数据集依据情感标签分成 5 种类型。然后,从每种生理信号的数据集中抽取一定比例的数据样本构成训练集,余下的数据样本构成测试集。鉴于数据结构的不平衡性,每种情感标签训练集样本大小设置为最小样本集的 80% 左右,即情感状态标签为"恐惧"的样本数量 $39 \times 80\% \approx 31$,则训练集样本数量为 $31 \times 5 = 155$,测试集数量为 208,情感状态样本实验数量如表 6-3 所示。

表 6-3　情感状态样本实验数量

情感状态	样本集	训练集	测试集
悲伤	69	31	38
高兴	86	31	55
厌恶	57	31	26
中性	112	31	81
恐惧	39	31	8
总和	363	155	208

6.5.3　基于视觉信号与脑电信号的情感识别

由 5.5.2 小节可知,基于脑电信号的情感特征提取与选择,得到一个 36 维的特征向量如下所示:

$$\boldsymbol{f}_2 = (f_{11}, f_{12}, \cdots, f_{1,36})$$

由 6.3.2 节可知,基于视觉信号的情感特征提取与选择,得到一个 58 维的特征向量如下所示:

$$f_1=(\,|\,x_1^k-x_1^l\,|\,,\,|\,y_1^k-y_1^l\,|\,,\,|\,x_2^k-x_2^l\,|\,,\,|\,y_2^k-y_2^l\,|\,,\cdots,\,|\,x_{29}^k-x_{29}^l\,|\,,\,|\,y_{29}^k-y_{29}^l\,|\,)$$

在特征级串联融合基于视觉信号和基于脑电信号的情感特征向量,得到一个 94 维的多模态情感特征 I 向量如下所示:

$$F_1=(f_1,f_2)$$

针对基于视觉信号和脑电信号的多模态情感识别,构造基于支持向量机的子分类器,以子分类器的各类情感状态识别率作为其性能的衡量标准。以 115 组多模态情感特征 I 作为训练样本,208 组多模态情感特征 I 作为测试样本,子分类器在 5 类情感状态的识别率及平均识别率如图 6-7 和表 6-7 所示。由图 6-7 可知,多模态情感特征 I 对情感状态"中性"识别率最高,即表现力最强;对情感状态"厌恶"识别率最低,即表现力最弱。

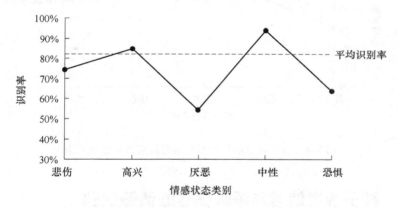

图 6-7　基于视觉信号和脑电信号的情感状态识别率

6.5.4　基于视觉信号与心电信号的情感识别

由 5.6.2 小节可知,基于心电信号的情感特征提取与选择,得到一个 33 维的特征向量如下:

$$f_3=(f_{21},f_{22},\cdots,f_{2,33})$$

由 6.3.2 小节可知,基于视觉信号的情感特征提取与选择,得到一个 58 维的特征向量如下所示:

$$f_1=(\,|\,x_1^k-x_1^l\,|\,,\,|\,y_1^k-y_1^l\,|\,,\,|\,x_2^k-x_2^l\,|\,,\,|\,y_2^k-y_2^l\,|\,,\cdots,\,|\,x_{29}^k-x_{29}^l\,|\,,\,|\,y_{29}^k-y_{29}^l\,|\,)$$

在特征级串联融合基于视觉信号和基于心电信号的情感特征向量,得到一个 91 维的多模态情感特征 II 向量如下所示:

$$\boldsymbol{F}_2 = (\boldsymbol{f}_1, \boldsymbol{f}_3)$$

针对基于视觉信号和心电信号的多模态情感识别,构造基于支持向量机的子分类器,以子分类器的各类情感状态识别率作为其性能的衡量标准。以 115 组多模态情感特征 II 作为训练样本,208 组多模态情感特征 II 作为测试样本,子分类器在 5 类情感状态的识别率及平均识别率如图 6-8 和表 6-4 所示。由图 6-8 可知,多模态情感特征 II 对情感状态"中性"识别率最高,即表现力最强;对情感状态"恐惧"识别率最低,即表现力最弱。

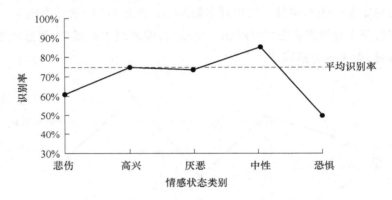

图 6-8 基于视觉信号和心电信号的情感状态识别率

6.5.5 基于视觉信号与呼吸信号的情感识别

由 5.7.2 小节可知,基于呼吸信号的情感特征提取与选择,得到一个 28 维的特征向量如下:

$$\boldsymbol{f}_4 = (f_{31}, f_{32}, \cdots, f_{3,28})$$

由 6.3.2 小节可知,基于视觉信号的情感特征提取与选择,得到一个 58 维的特征向量如下:

$$\boldsymbol{f}_1 = (\,|\,x_1^k - x_1^l\,|\,,\,|\,y_1^k - y_1^l\,|\,,\,|\,x_2^k - x_2^l\,|\,,\,|\,y_2^k - y_2^l\,|\,,\cdots,\,|\,x_{29}^k - x_{29}^l\,|\,,\,|\,y_{29}^k - y_{29}^l\,|\,)$$

在特征级串联融合基于视觉信号和基于呼吸信号的情感特征向量,得到一个 86 维的多模态情感特征 III 向量如下所示:

$$\boldsymbol{F}_3 = (\boldsymbol{f}_1, \boldsymbol{f}_4)$$

针对基于视觉信号和呼吸信号的多模态情感识别,构造基于支持向量机的子分类器,以子分类器的各类情感状态识别率作为其性能的衡量标准。以 115 组多模态情感特征 III 作为训练样本,208 组多模态情感特征 III 作为测试样本,子分类器在 5 类情感状态的识别率及平均识别率如图 6-9 和表 6-4 所示。由图 6-9 可知,多模态情感特征 III 对情感状态"中性"识别率最高,即表现力最强;对情感状态"恐惧"识别率最低,即表现力最弱。

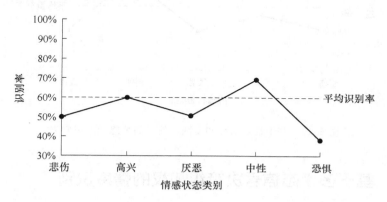

图 6-9　基于视觉信号和呼吸信号的情感状态识别率

6.5.6　基于视觉信号与皮肤电信号的情感识别

由 5.8.2 小节可知,基于皮肤电信号的情感特征提取与选择,得到一个 28 维的特征向量如下所示:

$$\boldsymbol{f}_5 = (f_{41}, f_{42}, \cdots, f_{4,28})$$

由 6.3.2 小节可知,基于视觉信号的情感特征提取与选择,得到一个 58 维的特征向量如下所示:

$$\boldsymbol{f}_1 = (\,|\,x_1^k - x_1^l\,|\,, |\,y_1^k - y_1^l\,|\,, |\,x_2^k - x_2^l\,|\,, |\,y_2^k - y_2^l\,|\,, \cdots, |\,x_{29}^k - x_{29}^l\,|\,, |\,y_{29}^k - y_{29}^l\,|\,)$$

在特征级串联融合基于视觉信号和基于皮肤电信号的情感特征向量,得到一个 86 维的多模态情感特征 IV 向量如下所示:

$$\boldsymbol{F}_4 = (\boldsymbol{f}_1, \boldsymbol{f}_5)$$

针对基于视觉信号和皮肤电信号的多模态情感识别,构造基于支持向量机的子分类器,以子分类器的各类情感状态识别率作为其性能的衡量标准。以 115 组多模态情感特征 IV 作为训练样本,208 组多模态情感特征 IV 作为测试样本,子分类器在 5 类情感状态的识别率及平均识别率如图 6-10 和表 6-4 所示。由图 6-10

可知,多模态情感特征 IV 对情感状态"中性"识别率最高,即表现力最强;对情感状态"悲伤""厌恶"和"恐惧"识别率均是最低,即表现力最弱。

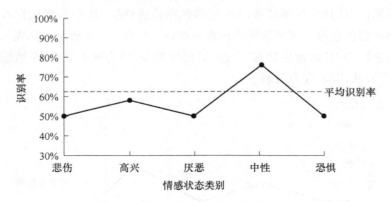

图 6-10　基于视觉信号和皮肤电信号的情感状态识别率

6.5.7　基于多模态信号决策级加权的情感识别

利用 4 种多模态信号对 5 类情感状态的识别率,由式(6-2)可得到子分类器的加权矩阵如下所示:

$$W_1 = \begin{bmatrix} 0.74 & 0 & 0 & 0 & 0 \\ 0 & 0.84 & 0 & 0 & 0 \\ 0 & 0 & 0.54 & 0 & 0 \\ 0 & 0 & 0 & 0.94 & 0 \\ 0 & 0 & 0 & 0 & 0.63 \end{bmatrix}$$

$$W_2 = \begin{bmatrix} 0.61 & 0 & 0 & 0 & 0 \\ 0 & 0.75 & 0 & 0 & 0 \\ 0 & 0 & 0.73 & 0 & 0 \\ 0 & 0 & 0 & 0.85 & 0 \\ 0 & 0 & 0 & 0 & 0.50 \end{bmatrix}$$

$$W_3 = \begin{bmatrix} 0.50 & 0 & 0 & 0 & 0 \\ 0 & 0.60 & 0 & 0 & 0 \\ 0 & 0 & 0.50 & 0 & 0 \\ 0 & 0 & 0 & 0.69 & 0 \\ 0 & 0 & 0 & 0 & 0.38 \end{bmatrix}$$

$$W_4 = \begin{bmatrix} 0.50 & 0 & 0 & 0 & 0 \\ 0 & 0.58 & 0 & 0 & 0 \\ 0 & 0 & 0.50 & 0 & 0 \\ 0 & 0 & 0 & 0.75 & 0 \\ 0 & 0 & 0 & 0 & 0.50 \end{bmatrix}$$

利用基于 4 种多模态情感信号的 4 个子分类器的加权矩阵,构造基于特征级融合和决策层加权融合的情感识别模型,并以 115 组多模态情感信号特征作为训练样本,208 组多模态情感信号特征作为测试样本,得到 5 类情感状态的识别率及平均识别率如图 6-11 和表 6-4 所示。

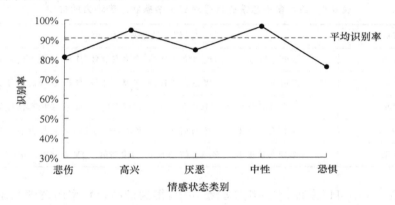

图 6-11　基于多模态信号双级别融合的情感状态识别率

表 6-4　基于 4 种多模态情感信号和双级别融合的情感识别结果

生理信号		悲伤	高兴	厌恶	中性	恐惧	平均识别率
测试集样本数		38	55	26	81	8	—
视觉信号和脑电信号	正确样本数	28	46	14	76	5	—
	识别率	**73.68%**	**83.64%**	53.85%	**93.83%**	62.50%	81.25%
视觉信号和心电信号	正确样本数	23	41	19	69	4	—
	识别率	60.53%	74.55%	**73.08%**	85.19%	50.00%	75.00%
视觉信号和呼吸信号	正确样本数	19	33	13	56	3	—
	识别率	50.00%	60.00%	50.00%	69.14%	37.50%	59.62%
视觉信号和皮肤电信号	正确样本数	19	32	13	61	4	—
	识别率	50.00%	58.18%	50.00%	75.31%	50.00%	62.02%
特征级融合和决策级加权融合	正确样本数	31	52	22	78	6	—
	识别率	**81.58%**	**94.55%**	**84.62%**	**96.30%**	**75.00%**	**90.87%**

6.5.8 实验结果与分析

分别利用 4 种多模态信号情感特征训练和测试情感识别模型,得到相应的情感识别结果如表 6-4 所示。从表 6-4 中可以发现,有 4 种情感状态的最高识别率是基于由视觉信号和脑电信号构成的多模态信号 I,只有 1 种情感状态"厌恶"的最高识别率是基于由视觉信号和心电信号构成的多模态信号 II。此外,4 种多模态信号对 5 种情感状态的表现力强弱各异,排序如表 6-5 所示。

表 6-5　四种多模态情感信号对五种情感状态表现力的排序

表情标签	情感状态表现力
悲伤	多模态信号 I > 多模态信号 II > 多模态信号 III = 多模态信号 IV
高兴	多模态信号 I > 多模态信号 II > 多模态信号 III > 多模态信号 IV
厌恶	多模态信号 II > 多模态信号 I > 多模态信号 III = 多模态信号 IV
中性	多模态信号 I > 多模态信号 II > 多模态信号 IV > 多模态信号 III
恐惧	多模态信号 I > 多模态信号 II = 多模态信号 IV > 多模态信号 III

由表 6-4 中可以发现,在 5 组实验结果中,得到最高识别率的情感状态样本数最高,得到最低识别率的情感状态样本数不是最低,即对于模型来说训练样本数并不是唯一决定识别率的因素。识别率最高的情感状态都是"中性",由此可见情感状态本身的特征明显程度是识别率的关键,情感状态"恐惧"特征不明显,造成低识别率。此外,基于双级别融合的识别率最高,特征级串联融合视觉信号和生理信号得到 4 种多模态情感信号,决策级加权融合子分类器的结果,减少情感信号与情感状态弱相关特性的影响和提高强相关性特性的影响,实现充分发挥多模态情感信号优势的目标,从而提高模型识别率。

我们在 MAHNOB-HCI 数据库与其他建模方法进行比较,几种方法的对比识别结果如表 6-6 所示。特别需要指出的是由于实验环境和参数的不同,如样本数目、情感模型等因素的影响,不同方法的结果可能无法直接进行对比研究,但仍能通过实验结果反映这些方法的识别能力。根据实验结果可以发现,其他方法平均识别率均在 90% 以下,本章方法识别率明显高于其他方法。

表 6-6　不同建模方法识别结果比较

建模方法	平均识别率
视觉信号,EEG(特征级融合)＋ ANN[24]	88.16％
视觉信号,EEG(特征级融合)＋ LSTM-RNN[25]	49％
视觉信号,EEG(决策级加权融合)＋ SVM[24]	64.75％
本章方法	**90.87％**

本 章 小 结

　　本章针对多模态情感信息的特征级融合和决策级加权融合问题进行研究。情感识别本质上是一个多模态问题,如何高效利用每个通道情感信息是本章研究的主要内容。首先,本章分析了人体结构与情感信号,选择了视觉信号和生理信号两种模态的情感信号构成多模态情感信号,视觉信号为面部表情的彩色图像序列,生理信号包括脑电信号、心电信号、呼吸信号和皮肤电信号 4 种信号,根据信号种类的不同分别建立了特征提取模型,并根据相关程度删减得到相应的情感特征。然后,本章引入了特征级融合,串联融合视觉信号特征和生理信号特征得到 4 种多模态情感特征,针对多模态情感特征,对情感状态的表现力强弱各异,即对情感状态识别率的影响力也各异,根据多模态情感特征对情感状态的识别率,引入了基于反馈的原理,设计权重确定方法。最后,本章根据情感识别模型的特点,在决策级引入了加权原理,依据最大值规则将 4 种多模态情感信号的分类结果进行融合决策,建立了基于多模态信号决策级加权融合的情感识别模型。

　　本章分析了情感信号的类型,提出了一种特征级融合方法,该方法具备普适性,适用于任意多模态情感信号;本章分析了多模态情感信号对情感状态的表现力强弱,提出了一种基于多模态情感信号对情感状态识别率的权重确定方法,该方法具备普适性,适用于任意一种情感信号;本章提出了一种决策级加权融合的建模方法,该方法具备普适性,适用于任意多通道情感信息。由本章的研究可知,基于双级别融合的建模方法,可以充分发挥各通道情感信息的优势,从而提高模型识别率。

本章参考文献

[1] SOUJANYA P, NAVONIL M, DEVAMANYU H, et al. Multimodal Sentiment Analysis: Addressing Key Issues and Setting Up the Baselines [J]. IEEE Intelligent Systems,2018,33(6): 17-25.

[2] MA Y X, HAO Y X, CHEN Min, et al. Audio-visual emotion fusion (AVEF): A deep efficient weighted approach[J]. Information Fusion, 2019,46: 184-192.

[3] HAN Z Y, WANG J. Feature fusion algorithm for multimodal emotion recognition from speech and facial expression signal[C]// MATEC Web of Conferences. EDP Sciences, 2016, 61: 03012.

[4] 林淑瑞,张晓辉,郭敏,等. 基于音视频的情感识别方法研究[J]. 信号处理, 2021, 37(10): 1889-1898.

[5] SUN B, CAO S M, HE J, et al. Affect recognition from facial movements and body gestures by hierarchical deep spatio-temporal features and fusion strategy[J]. Neural Networks, 2018, 105: 36-51.

[6] RANGANATHAN H, CHAKRABORTY S, PANCHANATHAN S. Multimodal emotion recognition using deep learning architectures[C]// 2016 IEEE Winter Conference on Applications of Computer Vision (WACV). IEEE, 2016: 1-9.

[7] RANGANATHAN H, CHAKRABORTY S, PANCHANATHAN S. Transfer of multimodal emotion features in deep belief networks[C]// 2016 50th Asilomar Conference on Signals, Systems and Computers. IEEE, 2016: 449-453.

[8] 郭帅杰. 基于语音、表情与姿态的多模态情感识别算法实现[D]. 南京:南京邮电大学, 2017.

[9] ZHANG H L. Expression-eeg based collaborative multimodal emotion recognition using deep autoencoder [J]. IEEE Access, 2020, 8: 164130-164143.

[10]　CIMTAY Y, EKMEKCIOGLU E, CAGLAR O S. Cross-subject multimodal emotion recognition based on hybrid fusion[J]. IEEE Access, 2020, 8: 168865-168878.

[11]　YUCEL C, ERHAN E, SEYMA C O. Cross- subject multi modal emotion recognition based on hybrid fusion [J]. IEEE Access, 2020, 8: 168865-168878.

[12]　LI R X, LIANG Y, LIU X J, et al. MindLink-Eumpy: An Open-Source Python Toolbox for Multimodal Emotion Recognition [J]. Frontiers in Human Neuroscience,2021(15).

[13]　YU J, WANG Z F. A Video-Based Facial Motion Tracking and Expression Recognition System [J]. Multimedia Tools and Application, 2017, 76(13): 14653-14672.

[14]　YAN H B. Collaborative discriminative multi-metric learning for facial expression recognition in video [J]. Pattern Recognition, 2018, 75: 33-40.

[15]　DENG W H, HU J N, ZHANG S, et al. DeepEmo: Real-world facial expression analysis via deep learning [A]// Visual Communications and Image Processing. New York: IEEE, 2015: 1-4.

[16]　LUCAS B, KANADE T. An iterative image registration technique with an application to stereo vision [A]// International Joint Conference on Artificial Intelligence. New York: ACM, 1981: 674-679.

[17]　PATIL G, SUJA P. Emotion Recognition from 3D Videos using Optical Flow Method [A]// International Conference On Smart Technologies For Smart Nation. New York: IEEE, 2017: 825-829.

[18]　HAREZLAK K, KASPROWSKI P. Application of eye tracking in medicine: A survey, research issues and challenges [J]. Computerized Medical Imaging and Graphics, 2017, 65: 176-190.

[19]　ISLAM M N, LOO C K, SEERA M. Incremental Clustering-Based Facial Feature Tracking Using Bayesian ART [J]. Neural Processing Letters, 2017, 45(3): 887-911.

[20]　ZHAO Y, XU J C. Necessary Morphological Patches Extraction for

Automatic Micro-Expression Recognition [J]. Applied Sciences, 2018, 8 (10): 1811.

[21] BRUNETTI A, BUONGIORNO D, TROTTA F G, et al. Computer vision and deep learning techniques for pedestrian detection and tracking: A survey [J]. Neurocomputing, 2018, 33: 17-33.

[22] BASSILI J N. Facial motion in the perception of faces and of emotional expression [J]. Journal of Experimental Psychology: Human Perception and Performance, 1978, 4(3): 373.

[23] AMIRI M, AHMADYFARD A, ABOLGHASEMI V. A fast video super resolution for facial image[J]. Signal Processing: Image Communication, 2019, 70: 259-270.

[24] CHAPARRO V, GOMEZ A, SALGADO A, et al. Emotion Recognition from EEG and Facial Expressions: a Multimodal Approach[A]// IEEE Engineerng in Medicine and Biology Society. New York: IEEE, 2018: 530-533.

[25] PORIA S, CAMBRIA E, HOWARD N, et al. Fusing audio, visual and textual clues for sentiment analysis form multimodal content [J]. NEUROCOMPUTING, 2016, 174: 50-59.

第 7 章

总结与展望

本书以情感识别模型作为研究对象,考虑人体情感信息类型和情感特征的多样性,通过分析情感信息与情感状态的相关性,旨在充分发挥情感信息特性,提高模型识别率。本书重点研究的内容有:基于面部图像特征级融合的表情识别、基于面部图像模型级融合的表情识别、基于多种生理信号决策级融合的情感识别、基于多模态信息特征级和决策级融合的情感识别。同时,在比较流行的公开数据库 CK十和 MAHNOB-HCI 上设计典型的实验,与其他建模方法进行比较,验证本书所提基于加权融合策略的情感识别建模过程中关键理论和优化策略的正确性与有效性。具体的研究成果如下。

① 针对基于面部图像的表情识别问题,设计基于特征级融合的建模方法,实现对面部图像的表情特征提取。凭借面部结构和心理学方面的研究结果与经验,利用图像亮度、色调、位置、纹理和结构等信息,选择与面部表情密切相关的眼睛、眉毛、嘴巴及周边部位的特征点,其二维坐标构成几何特征。凭借以深度学习为突破点的纯数据驱动的特征学习算法,构建一个多层的卷积神经网络,让机器自主地从样本数据中逐层地学习,得到表征样本更加本质的深度特征。在此基础上,引入特征级融合,线性串联两种特征构成表情特征,达到信息上的互补,从而提高模型识别率。

② 针对基于面部图像的表情识别问题,设计基于核函数的模型级加权融合,实现特征的非线性加权融合。分析面部结构,选择能够体现面部的主要形态且不会因为模型的不同而改变其相对位置的特征点,将面部表情肌肉运动范围大小作为面部分区的评价指标,并根据分区将特征分为互不相交的特征组。对于单组特征而言,由于对情感状态的表现力强弱不同,对识别率的影响力也不同,根据单组

特征的识别率,引入基于反馈的原理,设计权重确定方法,并引入刚性原理,分析面部不同分区的刚性,将其作为检验权重正确性的依据。在此基础上,根据表情识别模型的特点,引入特征非线性加权融合,设计加权核函数,增加强相关特征对分类结果的影响并减少弱相关特征对分类结果的影响,从而提高模型识别率。

③ 针对基于多种生理信号的情感识别问题,设计基于决策级融合的建模方法,实现多种生理信号在决策级的线性加权融合。分析人体生理结构特性,多种生理活动与情感状态相关,同时对应的表征信号多样,选择可用于情感识别的 4 种生理信号,包括脑电信号、心电信号、呼吸信号和皮肤电信号,根据信号种类的不同分别建立特征提取模型,并根据相关程度删减得到相应的情感特征。针对生理信号对情感状态的表现力强弱各异,即对情感状态识别率的影响力各异,根据生理信号对情感状态的识别率,引入基于反馈的原理,设计权重确定方法。在此基础上,根据情感识别模型的特点,在决策级引入线性加权融合,并依据最大值规则将 4 种生理信号的分类结果进行融合决策,充分发挥各种生理信号的优势,从而提高模型识别率。

④ 针对基于多模态信息的情感识别问题,设计基于特征级融合和决策级加权融合的建模方法,实现多模态情感信息的双级别融合。分析人体结构与情感信号,选择视觉信号和生理信号构成多模态情感信息。其中,视觉信号为面部表情的彩色图像序列,生理信号包括脑电信号、心电信号、呼吸信号和皮肤电信号 4 种信号,根据信号种类的不同分别建立特征提取模型,并根据相关程度删减得到相应的情感特征。引入特征级融合,串联视觉信号特征和生理信号特征得到 4 种多模态特征。针对多模态特征对情感状态的表现力强弱各异,即对不同情感状态识别率的影响力各异,根据多模态特征对情感状态的识别率,引入基于反馈的原理,设计权重确定方法。在此基础上,根据情感识别模型的特点,在决策级引入线性加权融合,并依据最大值规则将 4 种多模态特征的分类结果进行融合决策,充分发挥各通道情感信息的优势,从而提高模型识别率。

本书系统开展了基于加权融合策略的情感识别建模方法研究,并在面部图像的表情特征提取、面部图像特征的非线性加权融合、多种生理信号决策级线性加权融合以及多模态情感信息双级别融合等方面取得一些具有理论价值和实际意义的研究成果,为未来情感识别模型的建立问题奠定理论基础并提供技术支撑。本书所做研究的主要创新点如下。

① 针对面部图像的表情特征提取问题,提出了一种基于卷积神经网络的深度

特征提取方法,在特征级线性串联几何特征构成表情特征,提升特征表征能力,从而提高模型识别率。

② 针对表情识别这一非线性问题,提出了一种基于加权核函数的表情识别模型建模方法,通过在核函数引入权重,实现特征的非线性加权融合,增大强相关性并减少弱相关特征对分类结果的影响,从而提高模型识别率。

③ 基于人体生理结构的复杂性,提出了一种基于多种生理信号决策级加权融合的情感识别模型建模方法,利用基于反馈的原理确定权重,通过在决策级利用最大值规则将 4 种生理信号的分类结果进行加权融合,充分发挥生理信号对情感状态的识别优势,从而提高模型识别率。

④ 基于人体情感信号的多模态性,提出了一种基于多模态情感信息特征级线性融合和决策级线性加权融合的情感识别模型建模方法,通过在特征级串联视觉信号与生理信号得到 4 种多模态情感信号,利用基于反馈的原理确定权重,并在决策级利用最大值规则将 4 种多模态信号的分类结果进行加权融合,充分发挥多通道情感信息对情感状态的识别优势,从而提高模型识别率。

目前基于加权融合策略的情感识别模型建模方法相关研究较少,且基于多模态信息与机器学习算法的建模问题属于多学科交叉融合的复杂问题。因此,依然存在诸多问题值得进一步深入研究,具体如下。

① 基于动态图像序列的情感识别精度依赖于面部对齐的精度,尤其是利用坐标点进行特征位置筛选。为了提高实验精度,主要对从正面角度拍摄的视频中的面部进行表情识别,但在实际情况中会出现大量的非正面角度。因此,结合多视角下的面部表情识别具有很大的研究价值。对非正面角度的面部表情进行研究,加入不同头部姿态下的非正面面部表情,可以丰富训练样本,并有助于为基于视频的表情识别提取更加全面的特征。

② 基于生理信号的情感识别均是采用浅层机器学习的方法,依靠人工设计提取数据中的特征信息。因此,特征信息的质量成为浅层学习模型性能的瓶颈。深度学习在图像信息表达上具有不可比拟的优势,深入研究如何让深度神经网络不断增量、补偿学习各种随机波形图,增加对生理信号细节上的理解,可以提升生理信号特征的扩展能力。